花园

约翰·卡特 著

刘宏涛 邢梅 何利刚 译

湖北科学技术出版社

LONDON, NEW YORK, MUNICH,
MELBOURNE, DELHI

图书在版编目（CIP）数据

花园水景/(英) 卡特著；刘宏涛，邢梅，何利刚译著.
2版. 一武汉：湖北科学技术出版社，2015.6
（绿手指园艺丛书）
ISBN 978-7-5352-7417-5

Ⅰ. ① 花… Ⅱ. ① 卡… ② 刘… ③ 邢… ④ 何…
Ⅲ. ① 理水（园林）一景观设计　Ⅳ.① TU986.4

中国版本图书馆CIP数据核字（2014）第311742号

责任编辑：唐　洁
书籍装帧：戴　旻
出版发行：湖北科学技术出版社
www.hbstp.com.cn
地址：武汉市雄楚大街268号出版文化城B座13～14层
电话：（027）87679468
邮编：430070
印刷：中华商务联合印刷（广东）有限公司
邮编：518111
督印：朱　萍
2010年4月第1版第1次
2015年6月第2版第2次印刷
定价：45.00元
本书如有印装质量问题可找承印厂更换。

目　录

为什么要营造水景

水具有神奇的魅力，它为小小的花园带来了光影、声响以及动感的变化。池水倒影幻射出水形态的多彩多姿，而飞瀑和喷泉则随着阳光起舞，增添花园的韵律感。水也吸引了各种各样的小动物，青蛙、蟾蜍和蝾螈栖水而息，鸟儿嬉水而鸣。水下欢游的鱼儿为花园增添了丰富色彩和无穷的乐趣，而蜻蜓与其他的昆虫则在空中尽情出色地表演。关于更多由花园中水触发的灵感参见本章内容，浏览后你将会找到如何打造梦想水景花园的钥匙。

自然式水景

花园中水产生的倒影可以增强环境光影，以及给花园带来动感和声响等其他意想不到的效果。水只有无痕迹地与其周围环境融为一体时，才能看起来比较自然。因此，我们推荐制作水景的方法也就是尽可能的来模拟大自然。

左上图起顺时针

自然跌水　当水流慢慢淌过层层叠叠的岩面时，会展现出其自然的律动和悦耳动听的水声。水流动的这种自然状态是由每块岩石沿其水平方向堆砌而产生的，每一块岩石都需要这样堆放。如果将其中某块岩石沿其竖直方向摆放后，整体效果将会遭到破坏。

鹅卵石滩　一个具有一定坡度、海滩式的水池边岸不仅引人入胜，而且有利于小动物们顺滩而至。虽说在水池建好后再筹划沿岸滩涂也合情合理的，但提前就对构建滩石沙滩做好规划，将会塑造更加完美的水景。为了使水景显得更为生动自然，可以将景石散布在水边，再在其间种植一些小型植物装饰来增强效果。在离池边约一米处，石块间隔排开或与较大的鹅卵石混合排列，更能显示其自然天成的效果。

水池种植　水生植物、水岸植物以及沼泽植物在水池及周边都可以茂盛生长，但是如果附近土壤干燥，你最好选择既适合潮湿环境生长，同时又能够耐受干旱条件生长的植物。图中植物包括欧洲鳞毛蕨（*Dryopteris filix-mas*）、玉簪、观赏禾本科植物、岩白菜以及铃兰（*Convallaria majalis*），这些植物都能像蕨类植物一样生长繁茂。

自然式水景

左上图起顺时针

叠石瀑布　用石板做材料，注意保持石板与地面平行，石上的凹槽要顺着水流的方向。这样，岩石看起来才像是天然形成，自然和谐。

多彩的植被　天然的溪流旁通常会生长一些茂密而种类丰富的植物。这里我们可以模拟自然，在溪流两旁构建一个沼泽花园，事实上溪流也可以是一座狭窄加长的水池。

石阶　作为水池的附属装饰品，石阶可以增强参与功能，让你能更亲近植物，同时也为野生小动物提供栖息场所。然而，出于安全考虑，石阶的表面一定不能湿滑。木板路面可以覆上金属网格，以防止滑倒。

野生动物栖息地　所有的水池都是野生小动物的栖息场所，如青蛙、蟾蜍、水蜥以及鸟类，而且水池越不规整，越接近天然状态，效果越好。植被丰富，野生动物就可以自由出入，生态环境也可以自由演绎，这些都是创建理想水景，再现自然的关键。开花植物吸引昆虫和蝴蝶，为两栖动物提供了食物来源。水景中只能应用本土植物的想法是不对的，由于有些本土植物长势惊人而极具入侵性，尤其不适合小型水池水景做装饰配置。

规整式水景

为了体现水景的规整式效果，需要结合建筑构造和水的特质进行设计，或现代，或传统，这依赖于花园的整体风格。至于植物的配植，无论是繁茂或稀疏，只要不影响水景的整体效果即可。

左图起顺时针

简单雅致　这简单雅致的水池靠一些半耐寒植物即可实现，依据水池的结构进行植物选择，以增加水景的情趣。成功的植物配置还要充分满足所选植物对光照和水等条件的要求。如果你要采用化学净水剂，应避免使用含铜净水液。

平稳流畅　丰富而茂盛的植被往往与动态的水景相结合。这里，观叶植物玉簪和常春藤（*Hedera*）种植在跌水附近。跌水产生的湿润环境，有利于蕨类植物的生长。这种水景设计适用于小型或中型城镇花园。

睡莲池　这种经典设计源于方形水池，池边道路和草坪的形态塑造要强调吻合水池的形状。如果想再简单些可以采用水蓑（*Aponogeton distachyos*）替换睡莲。

高池　在抬高水池中，植物和水都更接近视平线。这里，L形水池后部的池床也被抬高了。这种布置特别适用于小型花园，大胆的水池轮廓可以给人一种空间变大的感觉。

规整式水景

左上图起顺时针

古典风格庭院　简单而有趣的植物配置，结合古典雕塑，装饰园中小型、半圆形的水景花园，会使图中庭院显得格外别致。紫色的水池、白墙和白星海芋（*Zantedeschia aethiopica*）三者间形成强烈的对比。本方案可以适当修改以适用于类似的平台或庭院花园。

简洁现代　在白色背景下通过抬高水池来展示水景，水池右侧以植物作为装饰。白色环境下突出的紫色叶片和绿色亚热带植物使水景花园线条清晰可见。

庭院水池　图中大型矩形水池虽然占据着庭院大部分空间，却提供了一个僻静而祥和的悠闲环境。尽管植物是种植在水池旁边，但仍有少数植物会在池中生长，因此，需要配备清理系统来保持池水的洁净。

池中宝藏　在花园低洼处适合配置一个水池。一些奇异植物垂在池边形成的隐蔽处，给人以神秘感。在搭配植物的时候要注意兼顾植物对光照的需求，最好是选择耐阴植物。此外，低洼处水池一定要设置排水系统，并且需要提前规划，以防雨水聚集，淹没庭院。

现代式水景

现代材料和技术的飞速发展能让你在建造花园时充分发挥自己的想象力，唯一的制约就是需要做好花园设施的维修和植物的良好养护。

左上图起顺时针

邮筒风格　这种风格的泉水设计不仅看起来十分有趣，而且泉水从邮筒开口处流下，水声听起来也令人十分愉悦。如果你决定采用这种风格，切记要采用处理过的木板作为装饰挡板。图中的金属栅格则可以阻止树叶掉进池中。

涌泉　可以涌出泡泡的水下喷泉会使狭小棘手的空间也变得有趣起来。这里，灰色沙砾和水搭配使用，使喷泉外观看起来像一座天然的地热喷泉，且不受天气影响，随时都处于活跃状态，引人瞩目。与其他流动的水一样，你必须注意泉水由于蒸腾作用而导致的水分散失。

水幕墙　用现代材料，如弧形不锈钢可以用来制作一面情景水墙，这样你的花园既有动感又有声响。这种风格适用于传统元素不够的小面积空间。切记不锈钢需要经常清理，水也需要灭菌以保持水质洁净。

曲型水槽　这种半圆形水槽配上水管和飞泉给地中海风格花园增加一种酷酷的清新感觉。

水镜　要实现图中这种具有方形空隙的设计风格，你必须请求专业人士的帮助。但是，你也可以通过建立一座宁静的水池来模仿光滑的反射镜面，这样池中植物有一种破镜而出的效果。这种水景如果配上真正的镜子，沿池边垂直放置，实现双重反射，那样效果会更好。

现代式水景

左图起顺时针

镜面　简约主义水景设计强调现代花园的动感和影映效果。水流轻缓滑过顶部，犹如镜面一般，露天庭院中设置这样小型水流镜面会效果非凡。

饰品和圆丘　图中亮丽的饰品使花园一角更具时尚活力而成为人们的趣味话题。喷泉型钢制圆丘和玻璃饰品需要经常清理，以保证良好的观赏效果。

鸟趣　水景花园和其他任何形式花园一样，可以采用雕塑来活跃花园气氛，这样即使在冬季植物凋零后仍然能感受到生命气息。

简约主义水池　现代风格的水池使露天花园弥漫着反射光线，喷泉汩汩流出则给人以动感。这种水景中清晰的线条和朴素的外形更充分体现了花园的简约主义设计风格。

现代主义风格的应用　拱形钢制水管使流水声音变得愉悦，池中有效氧含量也随着池水的运动而不断更新。

钢制台阶　结合两种不同的材料，金属与木材，制作出了瞩目的现代设计风格。宽宽的台阶意味着那里蒸腾作用将非常强烈。

墙壁与水池

水景花园会影响有限空间的整体环境氛围，图中富于创意的设计证实了这个观点，然而必须记住，在制作过程中一定要小心谨慎，水景花园是需要及时维护的，并且光照也一定要充足，以满足植物生长需求。

左图起顺时针

禅院　日式风格设计实际上比想象中的复杂。如果你没有合适的条件来种植体现日式风格的植物，那就采用外观相似的植物，如苔藓需要高湿环境，如没有高湿的条件，就可以改种苔藓状虎耳草科植物或小型紫堇属植物，它们都是比较耐旱的植物。图中水链设计也可以一定程度上增加园中空气湿度。

乡村木桶　旧式的木质水桶十分适合种植睡莲(*Nymphaea*)，但要能让睡莲生长得更好还需要充足的光照和适宜的温度。睡莲在第二年的春季需要适当的修剪，这样有利于睡莲的生长。

狮头雕塑　在有限的空间里，这种古典狮头雕塑格外引人注目。植物配置简单明了。常春藤(*Hedera*)巧妙地遮挡住后方的墙壁，但是一定要控制其长势，以防止因其生长过于茂盛而遮挡住狮头。马蹄莲(*Zantedeschia*)醒目的叶片和浓郁的花香扑面而来，然而冬季里必须要深覆盖根际以防止马蹄莲遭遇冻害。

当代喷泉　现代建筑要求不断更新和创新。图中透明塑料和钢管做成的喷泉是由一个中型水泵控制的，从而实现瀑布飞流的效果，既有动感，又有声响。但是这种装置会让水快速蒸发，因而要及时检查水箱中的水位，补给充足的水，一旦水箱干涸将会很容易损坏水泵。

石球　如果你拥有一个小型庭院，你可以考虑把它装饰成一个简单而瞩目的水景花园。图中石球置于隐式水箱之上，周围植物弱小而稀疏，虽不能与石头雕塑媲美，但也是恰当的点缀。水泵产生的水流将会滑过石球表面，给此设计带来了动感活力。

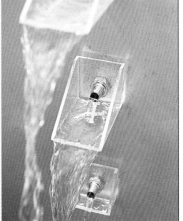

墙壁与水池

左上图起顺时针

循环式水槽　图中老式水槽非常适合摆放入花园的角落。为了收到好的效果，可以在槽中种植水生植物。另外，你也可以通过石块或砖块来抬高或降低水槽中的植物。

木槽效果　厚厚的木板沿墙而砌，围成水槽模样。如果想更显现代些，可以尝试用金属板取代木板。

铜碗　图中铜碗效果适合装饰紧凑的空间，尽管隐藏水泵和水箱也还是需要一定空间。注意水蒸发后造成的水分流失，防止水泵空载而受损。

自给喷泉　有些风格适用于多种花园设计。尽管很容易，但是一定要在专业电工的帮助下安装电源。维护也很容易，只需将水面的落叶清理，冬季卸下水泵，室内放置即可。

溪流和喷泉

溪流和喷泉是水形多样性的表现，它们都是在利用水的特性来表现不同的意境和效果：或运动或平静，或声响或沉寂，或激越或从容。只要我们开动脑筋，就可以花少量的成本实现图中的水景花园。

左上图起顺时针

水帘　体现水的所有特性。水从高处流下，溅入池中，水声如同奏响自我的音乐华章；水流迎着光照，则形成色彩斑斓的水帘。水帘后的一切给人以熟悉而超凡的感觉，然而当你凝视水帘及花园四周，你又会感到无比激动。

古典式天使雕塑　图中天使古色古香的外表给新园披上了沧桑感。把它安置在池边，有给水充气的作用，以保证水生植物根际气体交换的有效进行。

伊斯兰式水沟　受天然溪流和湖泊的启发，图中这种简单伊斯兰式水沟设计常见于庄重的场合。类似的暗池和暗沟可以适当改进用于小型城镇花园和庭园的布置。

乡村风格　金属水槽可以用于乡村风格花园的设计。

蛇形水池　这种现代式设计通过水的粼粼波光来体现蛇形水体醒目而平滑的曲线美。水在水泵的作用下缓缓流过花园，但是这种设计一定要注意维护水质，你可以使用化学物质净水或在水泵系统中额外安装紫外线消毒过滤装置。

铜制喷泉　采用金属来构建现代风格水景能够创造出意想不到的效果。一般而言，所用的金属材料一定要经过特殊处理以防氧化，或需要经常清理和抛光金属表面，才能保证效果。但铜可能是个例外，它与水及空气长期接触后会生成铜绿，更加迷人。

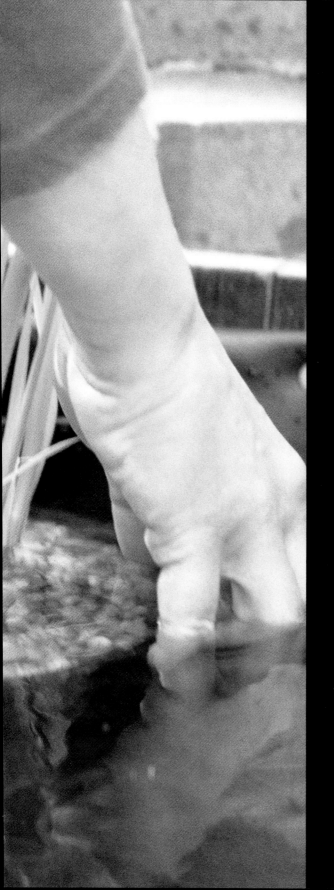

准备工作

在构建花园水景之前，首先要考虑水景容量大小及建造成本，确保水景既满足花园需要，又符合家庭预算要求。虽然水景比较常见于大型花园设计，但是小花园同样可以实现水景效果，例如，设计建造一个有野生动物栖息的水池或跌水。本章概述了不同水景的好处，介绍了制作水景所需的衬里和装饰配材。如果你想制作动感水景，本章所介绍的水泵过滤装置等会对你有所帮助，如果你需要想向人展示水夜间效果的话，可以参照水景照明的相关内容。关于水生植物种植所需的土壤及容器条件参考本章尾节。

较大型水景形式的选择

水池把花园变成了水生植物的乐土，增强了花园的吸引力。本节展示了不同风格的水景类型。

自然式水池

自然式水池自然地融入你的花园，并为野生动植物提供一个生态和谐的栖息所。通常表现为洼地风格或不规整花园设计风格。

适用范围　这种形式的水景强调随意感。水池可以设置在假山、花床或灌木丛前，也可以设置在花园的路边。总之，把水池建在能产生倒影的地方最为理想。

构建要求　简洁是这类水景的关键。可以采用较硬的衬里，但是水池边缘一定要尽可能保持自然外观。如果你是用丁基橡胶衬里，一定要避免形状过于复杂，因为这样不仅会形成繁琐的小水湾及岛屿与边岸，增加构建难度，而且还会破坏整体美感。另外，一定要避免雨水不会将泥土带进水池中。要将花费最多、投入最大的水景设置摆花园的重要地点。

植物配置　在植物选择上要谨慎。找出适合装饰水池的植物，避免选择生长过快或具有入侵性的植物。

后期维护　顺利完成建造后，你还应多花些力气打理水景，保持水景效果。注意清除一年生和多年生杂草，剔除植物的枯叶，除去杂草的种穗，防止杂草扩散生长。每4年清理一次池底淤泥。

规整式高池

在植物丛中抬起的水池其形成的高差和层次感令人印象深刻。水池的形状强调几何造型，例如圆形或矩形水池，边界轮廓一定要分明，此外，配套的喷泉、雕塑和瀑布既要与水池的规则几何形相称，也要保留自己的特色。

适用范围　这种水池比较适合草坪、庭院、平台等中间区域或墙角装饰。事实上，无论水池设置在哪里，其空间都要有树篱、砖块或石料围砌的直线或曲线轮廓衬托。

构建要求　形状规整式水池采用砖块或石块定形，然后填充丁基橡胶衬里，或刚性玻璃纤维材料，制成所需的形状即可。一定要保证水池地基足够结实稳固，如果水池需要用电还要提前规划电力供应相应设施。

植物配置　总的来说，规整式水池的植物配置相当简单。用到的植物较少，选择的植物生长期尽可能长即可。圆形水池中要避免选择高大的植物，通常采用睡莲。

后期维护　随时剔除睡莲的死叶，约4年后取出，修剪分株，再等到来年早春的时候，将生命力旺盛的睡莲重新植于新鲜的土壤中。限制一年生和多年生杂草的生长，防止杂草种子四处扩散，影响水景植物的生长。

跌水

跌水是小花园中最迷人水景之一。它所产生的自然声响和动感能大大地弥补周围环境中的不足。跌水延伸会使人觉得它占据的空间比实际要大，从而使整个花园都显得更大些。跌水可以设计成多种风格：下图是一座不规则自然形态的跌水，但是规则式跌水更有意思。

适用范围　尽管大型水景花园里的跌水瀑布看起来不错，但这种设计一样可以通过改变瀑布的大小和样式来让它符合小型花园的要求。跌水可以增加庭院和平台的情趣。

构建要求　如果跌水出现故障不能正常流水，那么你可以调整岩石或其他结构材料重新建造一个跌水，这样效果将会非常不错。安装合适的水泵非常重要，你需要知道水池上方跌水顶部水箱的高度（见39页）。

植物配置　喜湿植物通常种植在跌水外侧的石缝里。跌水的隐蔽处可以种植一些蕨类植物和玉簪属植物，如果跌水处于开放地带，就选择一些喜光植物。

后期维护　由于跌水的蒸腾作用会造成水池丧失大量水分，所以你需要注意及时补充水，保持水位。偶尔清理落叶，防止阻塞通道。冬季最好关闭水泵并将其转移至室内放置。

现代下沉式水景

下沉式水池能让你从上方来观赏水景，它采用现代建筑材料围筑而成，你可以用这种愉悦的方式来装点你的狭小空间。从上面观赏水景和植物，你会有一种全新的感觉。水源也会吸引一部分野生动物，所以你需要沿水池边缘设置横板，方便青蛙和昆虫进出活动。当然，你还可以在水景中种些有趣的植物。

适用范围　下沉式水池在任何地方都可以成为景点，但是它更适合装饰具有现代风格或形状规则的空间，尤其适合安置在休息区附近，增加中庭、烧烤区或现代铺地园等区域的乐趣。

构建要求　由于需要深挖操作，所以你首先需要检查地下水位。如果地下水位较高，这样就存在一些困难，你要做的就是在地上掘出一个水池，将周围地势填高即可。要保证水池边缘的砖瓦结构牢固可靠。

植物配置　这种水景的结构一般表明水池会建在深荫区，这也限制了水生植物的选择。我们只能充分利用水池周围空间种植植物，以及安装照明和喷泉等装置设施。这样，一处安静而隐秘的水域就具备了无限魅力。

后期维护　主要工作就是每月清理一次枯枝败叶。如果遇到某些水生植物长势衰弱，尽可能将它们转移到阳光充足地带。

小型水景形式的选择

小型水景充分说明: 不一定需要水池来种植水生植物, 你可以把它们种植在有水的任何地方。

壁上喷泉

这种喷泉看起来像是从墙里汩汩流出, 你只需要安装简单的设施就可以享受愉悦的流水声, 欣赏美丽的水景了。设计风格千变万化, 既可以古典, 也可以现代。

适用范围　这种喷泉尤其适合用来装饰走廊, 或是靠近休息区、花园里墙边或后门附近。如果用电方便的话, 还可以在任何地方做出更奇妙有趣的水景。

构建要求　在准备所需材料的同时, 你也可以整合自己现存的一些材料资源。水箱可以是石质的或陶制的碗钵、水槽或其他足够深的容器, 只要能容纳安装水泵即可。连接则采用胶管和铜管。喷泉最好安装在视平线以下。

植物配置　在大多数情况下, 只要在盆钵或水箱中种植少量植物, 遮盖住水中管道即可。选择植物时一定要考虑植物对光照的要求。藤本植物(如铁线莲)、茉莉或蔷薇等可以种植在水景周围, 增强效果。

后期维护　及时清理落叶, 天气温暖的时候, 还要及时补充水位。冬季来临前要断开和移除水泵。

桶状水池

这类水池属于微型水池, 当你没有足够空间建造一座完整水池时, 你就可以建一个这样的水池来种植你喜欢的水生植物, 或者单独种植植物也可。桶状水池可以与壁上喷泉一起构建, 这时就作为壁上喷泉的蓄水池。这样的水池足以吸引一些野生小动物, 包括各种昆虫。它为鸟儿提供戏水场所, 为水蚰提供栖息地, 因此需要提前考虑好怎样方便这些生物的活动。

适用范围　水桶既可以用来构建小型水景, 也可以作为大型花盆和花钵景观的组成部分。此外, 它还可以用来装饰花坛、中庭或安装在大型水池附近。

构建要求　要确保水桶不会漏水。通常给水桶加上黑色PVC塑胶衬里或者涂上密封剂来实现防水要求。这两种方法都可以阻止木材中有毒物质污染水源。

植物配置　可以选择多株小型或一株大型植物。通过砖块垫高的方式来获得适宜的种植水深。种植时也可以将植物种植在各自独立的容器中, 防止植物生长时相互缠绕在一起。

后期维护　由于水桶所盛的水量少, 所以它很容易污染变绿。为了阻止这种事情发生, 可以选择叶片较大或叶片可以浮在水面的植物, 以覆盖保护水面, 另外, 经常换水也是一个好方法。注意及时剔除死亡和生长过剩的叶片。

卵石水池

自然条件下，水最迷人的情形之一就是当流过鹅卵石或石块时的样子和显出的粼粼波光。你只需要一片有卵石的小空间就可以体会到这种感觉，但记住采用圆形水蚀卵石的效果最好。这种水池通常布置在花园的中心地带。

适用范围　你可以在一些棘手的黑暗墙角或中庭和后院较难布景区域建置这种卵石水池，当然在阳光充足地带也可。唯一的制约就是电力供应问题，你可以求助专业人士。

构建要求　卵石水池从根本上来说就是充满石块的水池，你需要挖掘得足够深来安装水循环用的水箱和小型潜水式水泵。或者，你也可以选择小型自给式喷泉，然后直接将石块摆放在喷泉旁边来实现效果。

植物配置　根据水池所处的环境配植植物，可以有效改善水景的效果：如果在阴处，可以选择蕨类植物，阳处则选择一些矮小的草本花卉。

后期维护　这种水景几乎不需要维护，但是如果水景处于阳光地带，池水容易滋生藻类而使颜色变绿，还会污染卵石，所以需要时常清洗。与其他小型水景一样，卵石水池也需要及时补充水量，冬季移除水泵等常规维护。

自由式水景

独立的自由式水景既可以增加花园乐趣，同时还可以作为鸟浴盆（译注：birdbath，置于庭院，供小鸟或饮水的盆形装饰物）。这样你就可以种一些其他水景中可能由于空间不够无法种植的水生植物，增加花园中植物种类。或以选用任何容器，形式也可以多样，如图中根乃拉草的叶片形状造型，或者中国釉碗和釉罐，或石质或金属槽，或其他可以想到的容器，只要能盛水、耐冻即可。

适用范围　这种水景可以放置在任何地方。它们本身就很有特点，且可以用来增强已有的水景效果，如中庭、池边、溪尾或假山旁。

构建要求　并没有什么特殊构建要求，这主要取决于你选择的水景样式，如果还想拥有一座喷泉，那么就要考虑供电条件了。另外，你还要设置排水系统，防止雨水载满容器溢出。确保水景地基足够结实。

植物配置　通常，这种水景自身很少配置植物，但是其周边可以选择与周围环境相称的植物。周边植物根系具有强大的穿透力，如果容器太小而无法容纳植物时可以打碎盆钵底部，让植物不受限制地正常生长。

后期维护　下图中叶片造型水景需要经常清理。此外，它还会成为蚊子幼虫的理想栖息地，所以从晚春至秋季，每3个星期就要清理一次，并重新充满水，冬季则移除所有水泵。

水景位置的选择

在构建水池之前，你需要知道花园中最适合建造水景的地方。正确地选择位置可以有效防止以后出现不必要的问题，所以你要仔细考虑每一个可能的影响因子，确保水池位置适宜，以保证来年水景美丽如画。

方便铺设管道　在你选定构建水池位置之前，充分考虑排水系统和供水管道的位置非常重要，还需要检查房前屋后的地下电话线和电缆线的位置。不要太在意水景的具体位置，因为要躲避管线而可能与你最初的设想有很大差异。大多数电话线和电缆线都是安装在花园前部，从路边铺设直线连接到仪表处。而在后园，揭开检修口盖子，你就可以看到排水管走向，通常也是直线布设的。

可以提供庇护　你选择的地方一定要可以为植物和野生动物提供荫庇之所，因为水可能被风吹散，高茎型喜湿植物容易被风吹倒，而且阔叶植物的叶片也会被风撕裂而受损。野生小动物同样也需要水的保护而免受天敌的捕杀，邻近的灌木丛和花坛可以为鸟、幼蛙和昆虫幼虫提供庇护之所。此外，风也会使池中的水过度蒸发，导致水池很快干涸。

不要建在大树下　不在树下建水池的理由很多。生长季节里，它们会遮住水生植物生长所需的光线，而大多数水生植物需要强光才能健康生长。秋冬季节里，又需要清理水面落叶，因为落叶腐败的物质会污染水体。此外，有些树木的叶片，如杜鹃、紫杉和金链花的叶片是有毒的，可能会杀死水中的鱼及威胁昆虫和两栖动物的生命。但是，如果你想建一个不种植水生植物的普通水池，建在树阴下是有好处的。

检查地下水位　地下水位高可能会影响水池的构建。弹性衬里可能会因为地下水作用向上收缩，而刚性衬里就可以承受这种压力。为了找出可能存在的潜在问题，可以先挖掘到预定的水池深度，然后加水到一半，如果水很快被排走，就说明没有问题；如果水保持一天以上，就表明地下水位比较高，那么你最好是建一个抬高的水池。

挖掘到预定水池深度，加水到一半深度。

如果水很快被排走，说明地下水位较低，符合水池构建要求。

视觉评估　在选择水池位置的时候，要从花园各个角度作观察，包括窗户和门口。水景迷人处之一就是水中倒影，所以为了达到预期的效果，可以在准备建水池的地方放一面大镜子，看看产生倒影的效果。

衬里的选择

衬里的选择由许多因素决定。在规划水池和选择衬里时，你需要事先考虑水景持续　的时间长短、水池位置、土壤条件以及水池的样式等。

丁基橡胶衬里和塑胶衬里

衬里的价格波动较大，但是价格同时也反映了衬里的质量。普通的塑料衬里只能使用3~4年，PVC材质经过耐光处理后更久一些，丁基橡胶材质的寿命则可达30年以上。

坚持简单原则　衬里可以帮助你构建任何形状的水池，但是形状越复杂，成本就越高。水池衬里非常容易安装和修复，但是注意在硬的石质地面上需要配置基垫。

适用于小花园　由于衬里具有弹性，所以即使是棘手的小空间你也可以充分利用，如小型的城镇花园。

预成型衬里

玻璃纤维或其他塑胶材料预制成的衬里风格多样。在选择时要注意水池深度足够种植植物。

最大优势　预成型衬里易于安装而且使用寿命较长。由于衬里表面很光滑，所以也容易维护，既方便又划算。

适用于规整式花园　预成型水池比较适合于形状规则的环境空间，因为衬里的刚性结构可以使铺地砖和饰砖边界界定变得容易。同时，这种类型衬里也比较适合用于构建紧凑空间小型水景。

混凝土水池

混凝土水池由于材质容易出问题，数量正在逐渐减少。其问题主要体现：首先，混凝土的不均匀沉降和冻害可能导致水池出现裂缝，另外，混凝土水池不易于建造，且比较耗时。

优势　你可以用混凝土构建任何形状的水池，实现其他衬里很难实现的水景效果，如岛屿等。这种水池尤其适合装饰形状规则的空间。

使用寿命持久　如果采用适当成熟的建筑技术，并且充分考虑具体土壤条件、冻害发生的可能性的前提下，你可以构建一个永久性的水池。混凝土水池还可以与溪流和水泵相结合，增强水景效果。

衬里大小的计算

方形和矩形水池

需要知道水池的长度、宽度和深度。考虑到边界重叠，需要修正长宽，即水池的长度（e）、宽度（w）各加上两倍的水池深度（d）和45厘米后相乘的结果，就是所需衬里大小。

计算公式为：（2d+45厘米+e）×（2d+45厘米+e）

圆形水池

这时所需的衬里大小为水池的直径（D）加上2倍的深度（d）再加上45厘米后结果的平方。计算公式为：$(2d+45厘米+D)^2$。

自然式水池

对于简单的不规则形状水池，只需测量水池的最大长度、宽度和深度，再按照方形和矩形水池计算公式计算即可。如果水池形状很复杂，就将其分解为简单的形状后再计算，例如一个方形加一个圆形，计算每个形状所需的衬里大小，然后再相加。

水池边缘装饰

在建造水池之前需要考虑如何给水池作镶边处理，这是最后一道工序，但是很关键，否则容易导致许多不必要的麻烦。镶边时要巧妙地遮盖塑胶衬里并勾勒形成水池的轮廓。

砾石和卵石

如果你的水池边铺设了多条道路，或与假山和花坛邻近，那么用砾石和卵石镶边效果将非常好。它们可以阻止泥土流入水池，而且可以牢牢牵制住衬里边缘而不致变形。在起初构建水池时，需要在衬里下方开出一条沟来固定石块，在前方即水边开沟则做成一个由小石块组成的平台。之后，进行植物配置，这样水景看起来才够自然，至此初始工作结束。此外，需要注意的是边界，不需要刻意隐蔽，尽量表现自然和谐即可。

这类边界使得蟾蜍、水蜥和青蛙可以自由方便地出入水中。

木料和铺板

许多木质材料都适合镶嵌水池边缘。如果你有一个不规则水池，并且邻近花坛或沼泽园，你就可以采用树干和圆木水平铺开来镶边。它们同样可以阻止雨水夹带泥土流入水池，但最终会腐烂，到期就要更换木料。

在形状较规则的情况下，木板和圆木都可以从园艺中心超市购买，它们都是不错的镶边材料。这些都需要提前规划设计，因为所有用到的木料都要用硅胶密封剂处理，以防止有害化学物质进入水中。

木板和铺板可以实现美丽的池边中庭景观，也可以铺设在水边砖架上。你还需要在木板上覆盖金属网，雨天用来防滑。注意水下砖架也必须用硅胶密封剂处理。

整个结构必须非常牢固，结实，不能有倾斜和移位等现象发生，如果水面还有其他复杂结构，更要加倍小心。除非你是一个有经验的DIY玩家，否则最好还是请教专家后再进行木板镶边施工。

砾石和卵石组成的自然式水池边界。

图中为简洁明快的水池木板镶边。

草地和边岸

很多水池都位于草坪或植草带旁边，如此你就可以用草来装饰池边了。

制作这种边界的最好方法就是沿水池边缘切割草皮，保留部分边缘与草坪共用。然后，将每块草皮稍稍卷起以便能够沿着水池的边界铺设砖块或板材，让草皮更加牢固。如果事先没有做准备工作，你将很难保证边缘切割整齐，因为池水会弄湿草皮的边缘，不便于切割操作。此外，割草机会使草坪变得越来越低，从而导致水池边界模糊甚至消失。

或者，你可以采用一些镶边植物，但是必须遵循相同的镶边原则。你可以选择一些低矮、匍匐的地被植物，阻挡土壤流入水池中。植物会向光生长，所以把它们种植在阳光地带，这样就可以有效地遮住边界处的衬里。否则，它们就会朝着你试图掩盖的边界方向生长，从而无法达到预期目的。

砖砌池岸

硬质材料，如铺路板、瓦或砖都是中庭或小型封闭空间里规整式水池理想的镶边材料。选择材料时，可以参考周围具体环境中已用材料的颜色和风格进行适当搭配。

砖砌边界要求建筑合理，地基稳固，上面还需盖上砂浆以使结构更加结实。砖块是最难镶边的，在摆放时要小心谨慎以保证边界整齐。与已有砖砌区的连接必须整齐一致。石板镶边相对容易，因为每一块石板都可以覆盖一大片区域，但是石板太重，而且需要用黏合剂将它们牢牢地黏合在一起。它们伸出水面长度最好不要超过8厘米。当然不可避免，偶尔有一到两块石板会变松，这时站在池边喂鱼就会相当危险，应该及时加固修复。

在镶嵌这种边界的时候，要注意尽可能不要将黏合剂掉入池水中，因为对鱼来说是有毒的。如果不幸有一些掉入池中，则需要更换池水，或者在鱼入池之前先将池水静置一个月左右。

镶边植物柔化水池边缘。

砖结构镶边使规则式水池边界清晰明了，一目了然。

水景照明

照明会给黑暗中的花园水景带来活力。你可以制作出多种多样的照明效果，从喷泉流水照明、水池泛光照明到夏夜水面烛光效果等。

灯光的选择

水景灯可以安装在水下、水面或特定位置来照亮某个景观，如跌水或瀑布。在白天，照明设备可能会显得特别碍眼，所以你可以考虑采用岩石、卵石或植物遮掩它们。盆、罐和一些容器也可以用来遮蔽电线和其他的光照设备。

在安装光照设备前，还要考虑光照对休息场所附近建筑、树木和灌木的影响。如果池中有鱼，最好还是保留一片没有灯光的水域，以便它们能够躲避强光。照明系统最好是由专业电工安装，使用室外和水下专用的照明设备，还要配置电路保护开关。钢筋连接电缆一定要掩埋到足够深度，以防遭到破坏。

水下灯光　水下灯光是将照明设备安装在水面以下，适合于自然式水池的装饰，因为这样看上去有一种轻松自然的效果。它们还可以根据需要沿着池边移动。

水上蜡烛　在清爽宜人的夏夜进行户外娱乐时特别适合选用水上蜡烛。有许多不同风格的烛台可供选择，但是最好选用具有避风功能的烛台。如果烛火没有被罩住，则有引起火灾的危险，从而殃及周围的植物，蜡烛里的蜡或油也有可能被风吹落入水中。

固定式灯光　永久性灯光就是将灯光安装在花园干燥区域的某一固定位置，适用于接近水边的装饰品和喷泉等景观的光照处理。在购买照明设备前，你可以先用普通的手电筒进行照明测试，看看灯光效果，也可以测试一下不同的灯光颜色和透视效果。但是要记住，华丽的灯光不见得就比简洁的灯光效果好，白光通常比有色光更让人感到舒适平和。

纤维导光灯　在水池照明中使用这种技术可以让你实现迷人的喷泉效果，即使你没有真正的喷泉。纤维导光灯无论是在陆上还是在水中都能呈现出多种色彩，还可以通过电脑编程实现不同的图案光效。

水下灯光使水的动感更加明显突出。　　　　静水中漂浮的蜡烛给人一种安详的感觉。

照明效果

聚光效果　你可以让灯光集中照射到水景的一到两个焦点上。图中，水下灯光向上照射，给人一种光从喷水口倾泻而下的感觉。而其他区域保持了半明半暗的状态来突出阴影，给人一种空间变大的感觉。

镜像效果　水的反射性是它之所以迷人的主要原因之一，这也是人们在夜晚仍不愿放弃展现它的原因。两用饰品，如图中的圆环，白天可以在太阳光下产生倒影，晚上灯亮以后，则可在水面形成闪闪发光的圆形倒影，成为晚上水景中的绝对主角。

泛光效果　巧妙地隐藏不同颜色的照明设备可以照亮整个屋顶花园。图中照明设备安装在池边栅格下和周围植物丛中，实现水池和树叶的多彩效果，让人们将注意力集中在周围景观上。

水下照明效果　部分或完全隐藏的水下照明设备所产生的弥散灯光制造出一种神秘而朦胧的氛围。实现图中效果只需要安装简单、便宜的水下照明套装，而且阴影产生的光影效果不亚于明亮照明区域的效果。

水泵类型和安装位置的选择

水流的形态和声响虽然带给花园一种奇妙的效果,但是在安装喷泉和跌水之前,必须要考虑选择水泵和过滤系统的类型以及安装的位置。

水泵类型的选择

不同类型的水泵有不同的用途,所以你必须清楚地知道自己所需的水泵是用来做什么的。水泵主要可以分为两类:一种是陆上型水泵,通常安装在水池边;一种是潜水泵,安装在水下。

安装水泵的时候还要考虑你想要达到的效果:喷泉、涌泉池、水渠还是以上所有效果的组合?还有,喷泉喷水时应该排列什么样的形状以及喷出的水要达到的高度是多少?

接着计算水池的体积(长×宽×高),这与水泵每小时的流量有关,注意水泵每小时的流量不能大于水池的体积。

陆上型水泵和过滤系统的保护

陆上型水泵可能会产生噪声,通常被安置在池边砖砌结构的防水箱中。这种防水箱要求有一块空心砖以保证箱体内空气流通,底部会设一个洞口方便漏水时容易排水,在某一面墙上也要留有安装管道的孔洞,用于安装水池的进水管和水泵的电缆。

防水箱的大小取决于你的水泵大小,但必须足够大,让人有足够的调整的空间。再盖上涂过防水漆的木盖,你可以种植一些植物来遮住木盖,只要不影响水泵的使用。

有两种类型过滤器可供选择:最好的是生物过滤器,它含有具净水功能的细菌。另一种,机械过滤器可以简单地过滤水中的一些固体颗粒。两种类型的过滤器都可以用来过滤进出水泵的池水。

陆上过滤装置应安装在水景的最高点上,水泵则安装在离过滤后的回流水尽可能远的地方,如小瀑布最下方的水池。这样就能保证尽可能多的水流经过滤器而得到净化。

选择合适的水泵可以保证水以适当的速度流过你的喷泉、跌水或其他水景。

陆上型水泵防水箱的筑建,包括通气口、排水口及水管和电缆入口。

潜水泵和过滤装置的安装

潜水泵的安装很容易而且运行时噪声小。用砖块将水泵垫高可以减少通过水泵滤网的淤泥量。

水泵的安装位置取决于你是否使用陆上过滤装置。如果你已使用陆上过滤装置，就参考陆上过滤装置的安装建议，把水泵安装在离经过滤的回流水尽可能远的地方。

但是，如果你是采用水下过滤装置，那么它必须安装在池底水泵的附近，因为水泵是通过过滤装置来吸水的。水泵和过滤装置都应尽可能靠近喷泉或瀑布下方。这就能够让水经过最短的距离到达喷泉或瀑布顶端，保证水泵出水的质量。

溪流和小瀑布的顶池

如果你想达到水流经水渠进入水池的效果，就需要在水景的顶端构建一个小小的水池作为储水箱，这样水才能由高向低流淌。通常，顶池比水泵直接泵水效果更好。

顶池太小则不能养鱼，但是如果它足够大，就可以在水池出口处装上镀锌栅格来阻止鱼随水流下游。栅格会使水流减速，所以在选择水泵功率的时候必须要考虑到这些因素。

在安装由水泵到顶池的管道时，要确保管道的末端在水池水位以上。如果低于水池水位，在水泵关闭时会虹吸流出。或者，你也可以用一个单向阀门阻止水的回流。

潜水泵易于安装、噪声又小，将它们安置于池底的砖块上。

在跌水或溪流上方建一个顶池用做储水箱。

不同水景的水泵

选择合适的水泵对于水景构建是非常重要的。咨询供应商以确保你能买到符合自己要求的水泵。

简单的水池喷泉

可以用一个水泵，也可以用多个水泵，但是一定要安装在远离种有睡莲的地方。喷泉流下的水也应该远离池边。

水泵类型　采用水下型水泵，即潜水泵安装在离喷泉基部较近的地方。如果你有多眼喷泉，就把水泵安装在喷泉之间的位置上。

观赏喷泉

可以选择的喷泉类型很多，有不同的大小和设计风格。你在设计花园喷泉造型的时候，要参考你自己水池和花园的风格，还要考虑你所需要的水泵安装的难易程度。

水泵类型　让供应商帮助你选择一款具有合适口径的潜水泵以满足设计要求，尤其是如果你已选择了具有多个喷口的组合喷泉。水泵的输出功率一定要够大，这样才能将水喷到你所预设的高度，并且均匀地分洒到整座喷泉池里。大型室外喷泉也可以采用陆上型水泵。

涌泉

形式既可以简单，也可以复杂，但是都必须建在隐蔽的储水箱上，注意隐式的储水箱必须要易于安装。储水箱不需要太大，但是如果太小，也会出现因水过快蒸发而导致需要频繁补充水量的现象。

水泵类型　在储水箱中安装潜水泵。如果你有一个出水口，就可以安装一个相对小的水泵，因为这种情况下泵水距离较短。如果有多个出水口，如图所示，你就需要配置一个较大的水泵或3个小型水泵。

多头喷泉

有许多不同风格和材质的多头喷泉可供选择。当你选择购买哪一款时，切记喷泉出水的大小和高度是水景设计的一部分，所以你要选择适合你的花园水池的多头喷泉。

水泵类型　构设多头喷泉，最好选择适合水下安置的水泵。充分考虑喷头的数量和喷水的高度，以此决定水泵的功率大小和类型（虽说这些在一定程度上都是可以进行后期调整的）。

细流和小水渠

对于理想的庭园构建而言，小溪和小水渠是必不可少的，它们营造了水流的景象和声音效果，而且占地空间较少。借鉴伊斯兰教园林的某些理念，将其融入中东风格的花园中，再加以修饰和现代化，形成右图中效果。图中水从高端蓄水池处自然流下，再由低处的水坑经水泵回流入蓄水池。

水泵类型　安装在低处的潜水泵将水重新泵回储水箱。这就要求水泵比你预想的还要强大——水泵功率大小取决于从溪流末端到储水箱的距离、储水箱到水泵的垂直高度，以及你想要达到的流速。

邮筒风格水景

这是另外一种比较实用的风格，尤其适用于小型花园的装饰。建一个像邮筒一样的出水口，这样就实现了水从邮筒口流出的效果。水流入下方的一个小水池，水池这时就成为了邮筒口下方的蓄水池，水就是从这里重新泵回高处水槽，形成一个完整的回路。

水泵类型　还是采用潜水泵。水泵的不同之处取决于上下水位差以及从水泵到水槽进水口处的距离。

土壤和容器的选择

选择合适的土壤和容器以确保种植的水生植物和沼泽植物每年都可以很茂盛地生长。

水池植物土壤的选择

好的土壤可以促进植物的生长，并且可以帮助你的水池快速地建立起健康稳定的生态平衡，还可以有效地阻止藻类污染池水。最好的生长基质是没有被杀虫剂污染、排水良好的花园土，再加入一些沙砾和沙子以改善土壤通透性，这样含氧水就可以很容易地渗入到土壤中。土壤应该呈弱酸性或中性（不要采用白垩土）。此外，也可以采用园艺中心超市购买掺杂腐熟有机肥的表层土。人造泥土也很方便，但是从长远来看其质量不及花园土。

土壤中黏土会使池水变成乳状。要解决这个问题，可以先把腐熟的有机肥装进塑料袋中，系好袋口，然后用叉子在袋子上打孔，在水中放置一个星期左右，这样就可以增加水的酸性使黏土凝结，从而使池水清澈。

沼泽园土壤的选择

死沼泽由于几乎不含有氧气而不利于大多数沼泽植物的生长。要建立一个成功的沼泽园，一定要确保沼泽排水良好，可以在衬里上刺洞防止沼泽积水，保证植物根系有足够的氧气供应。为了促进这一过程，可以采用透气性好的壤土，壤土可以通过在土壤中加入适量沙砾和沙子，并敲碎黏土混匀后配制而成。

与花坛中的植物一样，沼泽植物也需要养护，所以在土壤中也应该混合腐熟的有机肥。在随后的几年里，还需要追施更多的有机肥。

如果土壤中含沙量较高，排水良好，可能会导致失水严重。这种情况下，可以加入适量的腐熟的有机肥和黏土，改善土壤的保水性，有机肥和黏土可以从花店或园艺公司购买。

水生植物最好的生长基质是没有被杀虫剂污染的、排水良好的花园土。

除非土壤含沙量过高，沼泽园应该采用混有沙砾和沙子的花园土。

种植筐的选择

把植物种植在种植筐里与种植在自然土壤条件下的效果完全不同。使用种植筐有很多好处。首先，由于许多水生植物具有侵略性，种植筐就可以限制它们的生长。其次，种植筐允许你可以随意地移动。最后，对植物进行分株时，种植筐也使这一过程变得容易了许多。

塑料种植筐有多种形状和大小以适用不同的消费需求。由于它们有网格结构，所以能够保证氧气顺利地到达植物的根部。最好选择合适网格大小的种植筐，这样就不需要额外采用麻布或塑料网为种植筐制作衬里。网孔较大的种植筐需要覆盖衬里以阻止土壤从网孔中流出去。粗麻布容易腐烂，而且需要频繁更换，所以如果种植筐网孔太大，可以采用塑料网为种植筐制作衬里。

选择种植筐的时候，也要考虑所种植物的最终大小。种植筐太小则会限制植物的生长，使植物基部不稳定，易于倒伏。

一些替代容器

刚性塑料筐等其他的容器也能满足特殊需求。例如，松软的网格袋就可以取代上述种植容器。

壁上有洞的陶罐和陶碗尤其适用于小型水景的布置。通常可采用塑料网作为衬里，然后种植植物，这样的陶罐和陶碗本身就是一种景观。

草莓形花盆 (译注: strawberry planter，一种在花盆壁上有许多洞孔的花盆，形似草莓，植物可沿孔外生长，覆盖整个花盆。) 结合跌水本身就很迷人。把盆放在水箱里或水池边，再将小型水泵的出水管接到花盆底部的孔上，往盆里填充土，种上小型水生植物，这样植物就可以从上面的孔里长出来。水从花盆中植物的孔洞里缓缓流下，如果水压再大一些，水就会从盆的侧面溢出。这种布局很有层次感，而且也能让你种植更多的小型边缘水生植物，以方便观赏。

空间较小的地方，可以布置一些阶梯状容器，或安装在墙壁上，这样水就从一个容器流入另一个容器，有一种空间延续的感觉。

选择合适网格大小的种植筐，这样就不需要重新制作衬里了。

具有弹性的水产品包装袋可用做底部和周边不平坦的水池中植物种植的容器，这样就可以贴合得更紧密。

小型水景的
构建

装水的碗钵和木桶可以装饰小型的庭院,

涌泉池则可以给中庭和砾石园带来动感。

本章将逐步指导你如何构建上述水景,以

及简易高池和墙壁喷泉的建造。切记如果

水景需要室外电力供应,务必求助专业电

工为你安装。

容器水景的构建

这种上釉的容器水景适合于构建快捷简单的小型中庭、阳台和屋顶平台的装饰，再种植一些微型睡莲和小型水生植物，如螺旋灯心草等，效果尤佳。

成功小窍门

睡莲需要置于光照充足的位置才能正常开花。不要施肥过多。

1 选择一个你喜欢的陶制缸。缸的开口要求够宽，约45厘米深即可。一定要能够防冻，否则低温时会破裂，导致前功尽弃。

2 用硬刷将其内部清理干净，然后用清水漂洗，记住不要用肥皂和洗涤剂清洗。防水无釉的陶罐的表层还需要喷上聚氨酯或刷上氯丁橡胶。用酒瓶塞子堵住排水孔。

3 往缸里灌水直到离盆口约5厘米高度，最好是雨水，如果没有的话，也可以采用普通的自来水，但是需要让水缸静置一天左右才能开始种植植物。

4 选择侧面有小孔的水生植物种植筐。孔洞较大的种植筐需要用塑料网重新制作衬里，不要用粗麻布制作，否则会出现泥土外漏。再在种植筐里覆上一层壤土或壤土混合物。

容器水景的构建

5 小心谨慎地将睡莲从原来容器中移出来。把它种在水生植物种植筐的中心位置,然后再覆上天然的花园土或林下肥土。

6 把筐土轻轻压实。检查移栽后的植物,用布小心擦拭、除去植物叶片上的浮萍和藻类。喷少量的水以确保植物在移栽过程中叶片不会变干。

7 如果你想让土壤表面更结实,可以在土壤表面铺上一层小卵石。注意小卵石在使用之前一定要用水漂洗干净,去除了灰尘和杂质。

成功小窍门

如果缸太深，可以在底部垫上一层砖块，以调整到合适的种植深度。

8　把种植筐放入准备好的缸中。如果叶片沉入水下，不用担心，因为它们会很快浮出水面的。你可以像这样继续添加一到两种其他水生植物，把它们种植在各自独立的种植筐中。

木桶水景的构建

木桶可以造就非常完美的微型水景。选择植物时可以粗放一些，如驴蹄草、慈姑（*Sagittaria*）和花蔺（*Butomus*）等，甚至可以养一两条鱼。

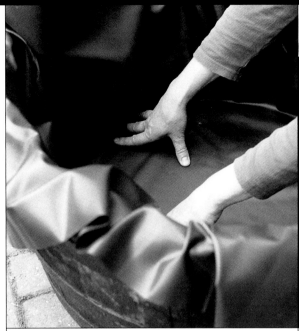

1 把轻型的丁基橡胶衬里铺在木桶里，用来防水。衬里也可以防止木头中有毒的防腐剂进入水中，对植物和鱼造成伤害。

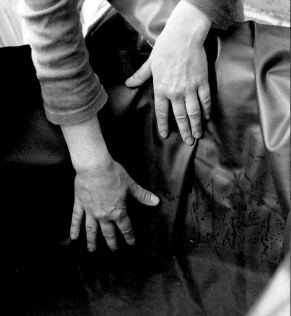

2 把衬里尽可能平整地铺在木桶壁上。抚平褶皱的地方，使其紧密地贴在木桶壁上和底部，形成一个光滑的表面。加入半桶水，可以让衬里布贴合得更加紧密。

3 用厨房用的剪刀剪去衬里的多余部分，在木桶沿上留下7.5厘米的衬里边界，。

4 把衬里上面的边界向下折起来，使衬里布略低于木桶边沿，然后用大头钉钉到木桶壁上。采用短的镀锌大头钉，这样它就不会穿透木板。

木桶水景的构建

5 水生植物的种植深度就是种植筐的顶部到水面的距离。可以在木桶底部垫上砖块以满足它们的水深要求。

6 在种植筐里放上一些土,然后种上植物。如果可能的话,采用小孔种植筐,因为大孔种植筐需要重新用塑料网衬里包装以防止土壤漏入水中。

7 加氧器,通常为插入式,可以用铅笔在土壤里钻一些洞。如果是第一次植入,最好让它们贴近表面,这样它们才能接受尽可能多的阳光。待植物生长好以后可以再把它们埋深一些。

8 为了阻止土壤污染水,可以在种植筐表面覆上一层沙砾。如果你在木桶里还养鱼的话,这样也可以帮助阻止鱼扰乱泥土。

9 把种植筐放入木桶中,确保每种植物都在适宜的种植深度,深几厘米浅几厘米关系不大。最后向木桶中缓慢地注入水,注意不要弄乱植物。

涌泉的实现

涌泉流水产生动人的声音和迷人的水态会成为你最想拥有的水景之一，它可用来装饰最小的私人花园。

1　先在地上挖掘一个比水箱稍大的洞,用于安装涌泉下的储水箱。咨询专业电工为水泵安装防水的电线管道。

2　戴上厚手套,剔除土壤中的锐石,在洞的边缘铺上一层湿沙。安装储水箱,确保储水箱处于水平位置,可以采用水平仪在3到4个位置上分别调试。

3　在储水箱的周围裹上沙或其他类似物质。储水箱固定以后,用水平仪再检查一遍储水箱是否水平,这一步骤非常重要。

涌泉的实现

4 储水箱放置水平后，安上水泵，这样做是为了保证出水管能从陶罐底部的洞伸出来。你还需要一根延长管。盖上储水箱的盖子。

5 把陶罐放在储水箱上，这时水泵的出水管就从陶罐底部的洞口伸出来。用硅胶把水泵接口处密封好，然后晾干自然硬化24小时。

6 流量调节器一端接上长管，另一端接到罐底的水泵出水管上。输送水管应该略低于罐沿。

7 用园中水管给储水箱和陶罐都灌上水，水位应低于图中输水管的出口。

8 电线可以用塑胶套管保护起来，电工会告诉你这些并会帮你将室外部分电力供应线路安装好。一定要确保所有的线路连接都装配了RCD电路阀。

9 在储水箱的上面覆上砾石以遮住储水箱的塑料盖部分，只留下补充水的间隙。天气好的时候，蒸腾加速，你至少每星期需要补充一次水。

10 在陶罐周围你可以放一些卵石、岩石或其他东西覆在砾石上。开启水泵，调整流量，直至陶罐里的水能产生水泡，并沿着罐壁流下来。

抬高池水景的构建

不锈钢墙壁的跌水流入一个抬高了的贝尔法斯特式的水槽（译注: Belfast sink, 是一种带有溢流平沿的方形陶形水槽）中, 水槽的边沿还可以作为休息用的坐椅。这种水景非常适用于小型空间, 如中庭的装饰。

1 测量抬高水槽的面积。对于框架，可以采用四根处理过的截面为5厘米×5厘米的方形木条在地上搭建，用镀锌螺丝钉固定起来，再用螺丝钉45度角钉入固定4根立柱。

2 用镀锌螺丝钉把立柱顶端固定到另外4根水平柱上。把架子紧紧地贴靠在墙边，用来支撑水槽。

3 在立柱的前方和侧面分别钉上3块木板。木板之间留下8厘米的空隙。用黑色塑料布给框架制作衬里，通过间隙可以看到衬里，如果你想遮住衬里，可以多钉一些木板。

4 用钉枪把黑色塑料衬里固定在木质框架的内侧，不要顶着墙壁。框架内侧塑料衬里没有覆盖的区域涂上外用漆。

抬高池水景的构建

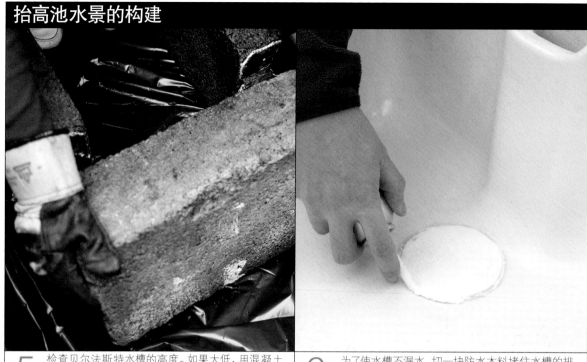

5　检查贝尔法斯特水槽的高度。如果太低,用混凝土或砖块调整到合适的高度。如果你是用水槽作为盛水容器,最好给整个框架覆上塑料衬里。

6　为了使水槽不漏水,切一块防水木料堵住水槽的排水孔。然后涂上防水硅胶,把它固定住,沿着边界涂抹硅胶以保证完全密封不漏水。

7　把水槽放在混凝土砖上,确保搁置在水槽底部中央。用水平仪保证水槽绝对的水平。

8　如果在槽的某一侧还有种植植物的空间,可以倒上1/3深的砾石或卵石填充中间的空隙,这样有利于排水。

9 在空隙里填充土壤或多效营养土，慢慢压实，然后填满。把木板固定在木架的顶部、侧面及前方，45度切去木板边角，把它们钉在木架上。

10 用外用漆或防腐剂涂在木架的前面，通常选择与黑色衬里或植物对比鲜明的颜色。

11 把植物从种植盆中移出，种植在营养土中。如果你还想要一个喷泉，那么选择喜湿植物，比如禾本科植物或蕨类植物，因为它们适宜在潮湿的环境里生长。

12 最后，向水槽里注水。为保持种植槽中土壤的湿度，必要时可浇水。如果要增加一个壁上喷泉，继续参看62页内容。

抬高池水景的构建

13 安装壁上喷泉之前，我们需要购买一款水泵，它能够将水从水槽底部泵到你想要的喷泉出口高度。安装一根能够到达喷泉高度的透明塑料水管，并把一端固定在水泵上。

14 把水泵放置在槽中，再沿着水槽边沿，靠近墙壁布设线缆到室外接电位置。这些操作需在专业电工的指导下完成。装喷泉前还需检查水泵是否工作正常。

15 把塑料水管的另一端接到喷泉水箱的底部，用蝴蝶夹固定，然后用螺丝刀拧紧。

16 用工钻在墙壁上钻洞以安装储水箱和出水槽，用膨胀螺钉和镀锌螺丝钉固定。在螺丝钉帽下垫上橡胶垫圈以防漏水。

17 装饰储水箱的顶端，以遮住各接头部位。在水泵、电缆和塑料管上加上外罩隐藏起来。如果你的喷泉没有外罩，可以用船用胶合板来挡住它们。

18 喷泉外壳一旦固定，就可往里加水，加到接近满槽程度。在外壳基底部钻上孔，这样水才能到达水泵。

19 现在可以打开水泵，让水流动起来。这时水将会循环至塑料水管，从水景上方的喷泉中流下。喷泉槽口稍稍向下倾斜更有助于喷泉流水。

水渠的构建

明晰的线条使溪流成为现代
风格花园的理想水景装饰。它
易于构建，并且这种砖结构镶
边的溪流再搭配上板岩和卵石
组成的岸堤，装饰效果很好。

1　用工具耙平土壤表面，使土面平整。如果打算让水渠流过一个草坪，就需切下一块大小合适的草皮，让土壤暴露出来。用木桩和绳索标示出水渠的确切宽度和长度。

2　参照绳索的指示，挖掘出水渠的中心渠道，深度为15~20厘米即可。然后用砖块在沟渠的两侧镶一个较浅的边界（参见64页）。用水平仪检查水渠的渠面是否水平。

3　在沟渠的基部先垫上一层细沙，用木板把沙夯实。再用水平仪检查沟渠的基部是否水平。

水渠的构建

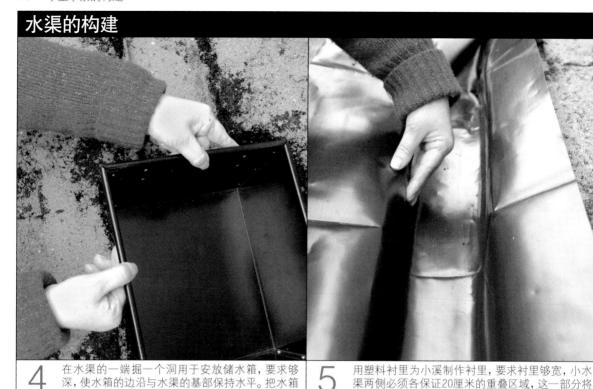

4 在水渠的一端掘一个洞用于安放储水箱,要求够深,使水箱的边沿与水渠的基部保持水平。把水箱放进洞中,空隙区域用泥土填充。

5 用塑料衬里为小溪制作衬里,要求衬里够宽,小水渠两侧必须各保证20厘米的重叠区域,这一部分将来会被压在镶边砖下。把衬里压进沟渠的土壤里,抚平褶皱使其紧贴在沟渠里。

6 在沟渠两侧以用砖块镶上边界。用5厘米厚混合好的砂浆铺在砖下以固定砖块,注意砂浆不要掉落到小溪中。在压顶的砖块间不要勾满砂浆。

7 装一根有弹性的水管,长度为小溪的长度再加上45厘米。沿小溪的一条边铺设管道。把水泵放入储水箱,通过导线管把水泵的电缆接到室外的插座上。

8 将有弹性的水管一端接到水泵上,检查水管是否能覆盖小溪的全长,然后用刀切除水管的多余部分。检测水泵是否工作,调整水泵至合适的流水速度。

9 在装有水泵的水箱上方安装一个金属网格,用厚板或卵石遮住它们。布置尽量简单,主要是为了方便你检修和维护水泵。

10 用板岩或卵石覆盖在小水渠的底部以遮住弹性水管和塑料衬里。向沟渠里注水,开启水泵,这样水渠就制作完成了。最后在水渠边还可以布置一些装饰品,以增加情趣。

水池及跌水的构建

一个充满自然气息、绿意萦绕的水池将点亮整座花园。而且水池是较容易去实现的，你将会在本章的学习中得到启示。此外，你还会学到如何通过在池边种植湿地植物而构建沼泽园的相关内容。构建跌水或瀑布非常具有挑战性，可为花园增添动感和灵气，这部分内容在本章的最后会有详细阐述。

不规则水池水景的构建

用丁基橡胶衬里建造水池的优点就是可以把水池建成你想要实现的任何形状。但另一方面，形状设计得越复杂，水池的建造成本就越高。

1　初步计算你能接受的衬里大小以及水池的最终大小（参见33页）。用水管定出水池的形状，这样可以帮助你完成水池平滑的外部轮廓。

2　在圈出的区域中挖掘，深度为45厘米，将挖出的所有泥土堆放在水池边上。如果挖出的土壤是较为疏松，那么最好让边界倾斜；如果地面很结实，边界则可以是垂直的。

3　在水池中间进行挖掘，使这块区域低于周围地势。周边至少保留30~45厘米宽的空间，可参看图中所示。中间区域的深度不一，有些区域约75厘米深，有些区域1米深。

不规则水池水景的构建

4 水池上部的边界保持水平非常重要，可以通过土壤堆积或挖掘来调整到水平状态。如图中所示，将水平仪放在笔直的木条上，沿水池的边缘分别检测6到7个方位，看木条是否处于水平状态即可。

5 去除水池壁上和底部的锐石。用地毯或报纸为水池中心区域作衬里支撑，中心区域外围也需要合适的衬垫物。不要用沙子，因为它会从边上滑落下来把坑填埋。

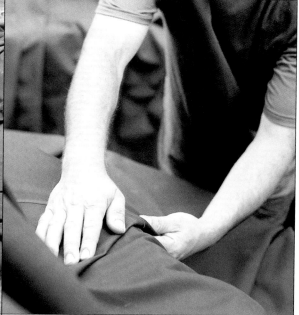

6 把衬里盖在水池上，稍稍按下衬里的中间区域。在水池侧面和面转折处出现褶皱也是可以的。往水池中心区域注水，可以使衬里准确紧贴在水池相应的部位，随着水量的增加，衬里也会逐渐被下拉直至完全覆盖整个水池。

7 沿着水池框架和外围边界折叠衬里，使其紧贴水池壁；轻轻拉动衬里，可以做一些细微调整。确保衬里完美地铺在水池的底部。如果未达预期效果，可先抽出水，再重新开始。

成功小窍门

水池衬里填好后，用刀或剪刀去除衬里的多余部分，注意边上要多留出45厘米衬里以便镶边之用。

8 继续灌水。水的重力作用会使衬里紧贴在水池壁和框架结构上，所以不要站在衬里上，这样会阻止衬里在水的重力作用下下滑，不利于其布置成形。

不规则水池水景的构建

9 可以用草皮镶边,这样你就只需要多留23厘米衬里边界;如果是在边上修筑路面或岩石镶边,则需要留出更多的衬布边界。铺路石和岩石可以用砂浆固定在留出的衬里上,但是要保证砂浆不会掉进水里。

10 放置铺路石或岩石时,保证铺路石或岩石的边界伸到水面不要超过5厘米。这样当有人在靠水池内侧边界上行走时,不会由于石块松动而滑入水池。

11 当在水里布置装饰用的岩石时,岩石下最好垫有折叠的麻袋,以保证衬里布不受到岩石损坏。为了达到自然的效果,摆放岩石时最好朝着相同的方向。

12 在种植筐中种植深水植物,把种植筐放在适宜的深度。注意种植深度是指从种植筐的顶部到水面的距离。

13 对水池内侧一些镶边植物和水池背阴侧株型高大植物的生长加以控制，才可保持水质的清澈。根据植物对空间的要求分组配植，以达到自然的效果。

沼泽花园的构建

通过在水池边配植多样的湿地植物(种植在天然干土中也可)来实现该类型水景。用各色花卉装扮你的沼泽园,例如报春花、鸢尾以及海芋等。

1 在地上放置一根弹性水管,摆成想要的形状(沼泽园建在水池的旁边效果会特别好)。在摆出的区域中挖掘,深度至少60厘米,能够容纳植物的根系要求即可。

2 构建水池时,参见70页操作,把衬里放进去,不同的是需要你亲自动手将衬里按到相应的部位,而不是灌水。用砖块稳定好衬里多出来的部分,直至衬里全部安放好后再移去。

3 这种沼泽园良好的排水系统很重要,否则土壤会迅速失去氧气,变质,不适合植物生长。用叉子在铺在基部的衬里上打孔,如图所示。

4 为了阻止土壤堵塞衬布上的排水孔,可以在池底铺一层8厘米厚的碎石,这与在花盆的底部放置瓦片是相同的道理。然后回填腐熟的有机肥,最后填充优质的花园土。

沼泽花园的构建

成功小窍门

为了方便补充水分，可以在沼泽园的周围绕一圈渗漏管，它的一端接在花园水管的接头上。

5 按照自己的想法剪去衬里的边缘，盖上碎石或草皮。沼泽园会由于蒸腾作用逐渐失去水分，所以需要不定时补充池水，但是相对于花园的其他区域来说，它保水时间会更长。

6　围绕沼泽园的周围铺设一根穿孔的水管。将花园水管接在穿孔水管的接头上，为土壤灌溉作准备。打开自来水直至土壤表面足够湿润。

7　参考沼泽植物的植株大小，保证各植物自身的生长空间。制定种植计划后就可以挖掘种坑。从种植盆中取出植物，轻轻地舒展根系，开始种植。

8　使植物根茎部位略高于土平面，压实土壤。像上图中橐吾类等植物可以种植在有微风的地方，这样它们就可以展示叶背奇妙的色彩。

刚性衬里水池水景的构建

构建水池最简单的方法之一就是采用刚性的预成型衬里。要求刚性衬里足够深，能够容纳你想种植的植物，并将其置于稍靠后的架子上，这样，水景的风采也就一览无余了。

1　把衬里放在预定位置上。在土里沿着衬里边缘以一定间隔插上竹棒以标记衬里的外部轮廓。小心移出衬里。沿竹棒绕一圈绳索就可以看到衬里的实际大小。

2　根据圈出的轮廓翻挖土壤，但是在外围要多挖15厘米宽。剔除土壤中的大石子和植物杂根。把挖出的土壤堆积在塑料薄膜上，便于用到花园其他地方。

3　用木板和水平仪（如图所示）从多个方位检测所挖掘土面是否水平。这一阶段一定要考虑周全，否则会由于水位不一致导致不必要的风险。

4　先在坑的底部铺上细沙、报纸或旧地毯，深度为使衬里上端刚好紧贴坑的边沿即可。压实细沙等防止填充衬里时，衬里发生偏移。

刚性衬里水池水景的构建

5 在预定的坑里放下衬里。把水平仪放在木板上再次检测衬里是否水平。你可能需要多次移动刚性衬里来调整下面的垫底材料以保证衬里处于水平状态。

6 往衬里加入3/4的水。最好是雨水，也可以采用自来水，但是在使用之前必须先静置一周。

7 在衬里的侧面填充沙或土以固定衬里。沙或土越干燥，这一过程就越容易实现。然后补充水至离衬里口10厘米高度。

8 用板岩或鹅卵石镶边，同时也起到固定衬里边沿的作用。可以采用砂浆，但是要注意不要将其掉入水中。或者，把石块固定在周围土壤中，这样石块就不会跌入水中。

在种植之前一定要保证植物没有病害。剪去枯叶，去除植株上寄生的害虫，如蜗牛等。

9 根据选择植物要求的种植深度，把种植容器摆放在合适的位置，较高的植物摆放在后面。如果你想养鱼，那么最好在种植筐的泥土上面盖上卵石，原因如前所述。

用丁基橡胶衬里构建跌水

如果你的花园有坡度区域,那么,为何不打造一座溪流跌入下方观赏池的绝佳跌水景观呢?如果你没有水池,参看我们的操作指南学习如何构建水池(参见70~75页和80~83页)。

成功小窍门

构建自然风格的溪流,可以在衬里上铺上石子和砾石。然后在边缘地带种植一些喜湿植物使边界看起来更美观。

<table>
<tr><td>1</td><td>用棍棒或木桩标示出小溪的水道和上部池水的区域（参见37页）。沿水道掘出一条沟，然后挖掘顶水池，顶池内部结构要求向后倾斜，远端较深。</td><td>2</td><td>测量水道的长度及宽度，购买足够大小的丁基橡胶衬里材料，确保小溪水道的两侧有一定的重叠区域。把衬里的一端放置在下方观赏水池的边上。</td></tr>
</table>

3 在小溪尽头观赏水池的基部或基架上放置一块底部平坦的大石块，压在小溪衬里材料上。如果石块底部不平坦，则需要把水池里的水抽干后，用砂浆把它固定。

4 为了使基石结实牢固，在石块和衬里之间包裹上较稠的砂浆。把衬里边缘卷起，再在池岸和衬里之间填充较多的砂浆。这样就可以将衬里固定起来。注意不要让砂浆掉入水中。

用丁基橡胶衬里构建跌水

5 重新展开衬里。在基石的上面再放置一块平顶石块，小心地叠在一起。用水壶或水管，检查水是否平滑地流过平顶石块，然后用砂浆将其固定。

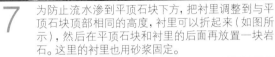

6　在平顶石块的两侧和上面堆积岩石，形成水流的主要通道。再次检测水流，把第一层石块固定在衬里上，其余的石块用水泥固定。

7　为防止流水渗到平顶石块下方，把衬里调整到与平顶石块顶部相同的高度，衬里可以折起来（如图所示），然后在平顶石块和衬里的后面再放置一块岩石。这里的衬里也用砂浆固定。

8　把衬里布的其余部分铺在水道和顶池上。在顶池的出口处也固定一块平顶石块。检查溪流水道是否是逐渐上升的。沿顶池和小溪的两侧堆放更多的岩石加以固定。

9　在观赏水池中放置潜水泵。沿小溪的一侧铺设管道直至上方的顶池。用石块遮住上方顶池的进水管道以及下方观赏水池的输送管道。开启水泵，所有工程就完成了。

植物配置 实例

水生植物和湿地植物使水景园和沼泽园焕发出生命的活力，增加了色彩、纹理和变化，丰富了水景和花园的内容。参考本章植物配置实例学习水景中植物的具体配置。下面符号代表植物最适宜的生长条件。

植物符号

♈   获得RHS（英国皇家园艺学会）花园奖的植物

土壤需求

◌   排水良好的土壤

◑   湿土

●   涝土

光照需求

☼   全日照

◐   半阴或斑驳光照

●   全阴

耐寒

❋❋❋   从霜冻到整个冬季都需要保护才能过冬植物

❋❋   可以在温和地域或有庇护的场所户外过冬的植物

❋   完全耐寒植物

⊛   完全不耐任何霜冻的植物

植物爱好者的不规则水池

不规则水池是极具自然风格的花园水景，植物配置也应该反映出这一点。这种水池令植物爱好者们着迷，因为水景中采用了丰富多样的植物。但也存在一定的矛盾，首先水本身才是水景中的焦点，所以不能布置太多的植物，否则会冲淡水的魅力。不规则水池是花园不可或缺的一部分，因此，它可以增加假山、墙角、灌木丛或绿草带的观赏效果。

花境要素

尺寸	3米×3米
配置	一座花园
土壤	任何土壤，最好是中性或酸性土壤
地点	全日照或少阴地带

采购清单

- 玉蝉花（*Iris ensata*）　　　　3株
- 银箭芒
  （*Miscanthus sinensis* 'Silberfeder'）　1株
- 睡莲 "红纱"
  （*Nymphaea* 'Escarboucle'）　1株
- 有柄水苦荬（*Veronica beccabunga*）　3株
- 沼泽勿忘我（*Myosotis scorpioides*）　7株
- 斗篷草（*Alchemilla mollis*）　3株

种植与维护

大多数情况下，植物都作为了水景中的背景。如果你已经拥有了沼泽园，那么就可以种植各色湿生植物。如果没有，那么就采用耐干植物，如黄花斗篷草。喜湿植物一般表现为带状茂密型的外观，具有相似形态特征的草本植物都符合要求。

无论哪种情况下，都必须选择植株大小适当的植物，以免拥挤，过挤将不利于植物正常生长。种植完成后，定期养护植物：春季重点养护池中植物，春季或秋季以养护池岸边植物为主。秋季就应该清理枯叶和枯枝，将它们收集混合做成肥料使用。

玉蝉花
 ☀

银箭芒
✻✻✻ ☀ ◐ ♈

"红纱"
❋ ☼ ♈

有柄水苦荬
❋❋❋ ☼

沼泽勿忘我
❋❋❋ ☼ ◖

古典风格水景

狭小空间里可以布置一个装饰水景,如图中所示的古典喷泉水景。图中狮头喷泉处于半遮阴位置,所以主要种植了一些蕨类植物和玉簪属植物。两种植物种植在一起,叶片形态形成了有趣的对比,另外,种植的一些变种玉簪又提供了多种颜色上的变化。只要有限空间里能够获得1/3以上日照,你就可以种植燕子花,春夏还可以观赏茂盛挺立的鸢尾,它蓝色的花将给整个水景增加无限魅力。

欧洲鳞毛蕨
❀❀❀ ◑ ☼ ☼ ♔

金边玉簪
❀❀❀ ◑ ☼ ◑

水景要素

尺寸	2米×2米-植物也可以种植在容器中
配置	中庭边角或棘手的角落
土壤	中性或酸性壤土
地点	半遮阴地带

采购清单

- 欧洲鳞毛蕨(*Dryopteris filix-mas*)　2株
- 金边玉簪/花叶玉簪[*Hosta(montana)* 'Aureomarginata']　　　　　1株
- 金叶玉簪(*Hosta* 'Gold Standard')1株
- 玉簪(*Hosta plantaginea*)　　　1株
- 铁角蕨(*Asplenium scolopendrium*)　1株
- 燕子花(可选)(*Iris laevigata*)　1株

金叶玉簪
❀❀❀ ◑ ☼

玉簪
❀❀❀ ◑ ◑ ☼

种植与维护

在种植容器中填上中性或酸性壤土(或壤土混合物)。需要注意的是,种植玉簪的土壤里需要掺入一些腐熟的有机肥,蕨类植物却不需要施入过多的肥料。水菖蒲则种植在种植筐的壤土中。玉簪可能会受到蛞蝓的危害,但是如果植物营养充足,生长健壮,危害程度就会降低。此外,你还可以在春季把灭除蛞蝓的药剂撒在玉簪的叶片上,在植株的顶部也覆上薄薄一层,这样既可以保护植物免受伤害,也可以防止鸟儿误食药剂。秋季里则需要及时清理枯叶。最后提醒一下,蕨类植物观赏的时间会比玉簪类时间要长。

铁角蕨
❀❀❀ ◑ △ ◑ ☼ ♔

可替换的植物

燕子花
❀❀❀ ☼ ♔

现代风格的睡莲池

一些现代材料(如木板)在多数情况下，都能与其周边的景致很好地融合，植物会打乱这些笔直而生硬的线条，因此在种植时需注意构建一些垂直或水平的线条。由于叶片通常持续观赏时间比花要长，所以最好选择叶形差异较大的植物。选择花期分散的植物也可以延长观赏期。

了解每种睡莲生长的最终展幅，太小不适合观赏，太大则会占据过多的水域从而掩盖水景的主题元素——水。

睡莲 "仁者"
✿✿✿ ☼

睡莲 "克罗马蒂拉"
✿✿✿ ☼ ♛

水景要素

尺寸	3米×4米
配置	一座小型花园
土壤	肥沃的壤土
地点	普通日照条件

采购清单

- 睡莲 "仁者"
  (*Nymphaea* 'RenéGérard')　2株
- 睡莲 "克罗马蒂拉" (*Nymphaea* 'Marliacea Chromatella')　1株
- 梭鱼草 (*Pontederia cordata*)　1株
- 慈姑 (*Sagittaria sagittifolia*)　3株
- 木贼 (*Equisetum hyemale*)　2株
- 焰毛茛/长夜毛茛组
  (*Ranunculus flammula*)　3株

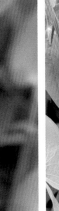

梭鱼草
✿✿✿ ☼ ♛

慈姑
✿✿✿ ☼

种植与维护

往种植筐中加入排水良好的花园土，种植筐要足够大，能够满足植物根系生长的要求。仲春开始种植。睡莲必须种植在适宜的深度(种植深度是指植物冠部到水面的距离，不是从种植筐基部算起)。

随着季节的变化，必须及时清理枯死的叶片和凋谢的花。翌年春季，将超出种植筐的植株分离出来，重新再种一次。注意睡莲种下以后3年以内不要扰动它，直到根茎上长有旺盛的端芽和根系的时候才能分株重新栽植。

木贼
✿✿✿ ☼

可替换植物

焰毛茛
✿✿✿ ☼

现代风格的野趣水景

现代设施和材料没有理由不被用来构建水景，现代设施和材料的应用不仅使水景看起来更时髦，而且也能吸引许多野生小动物，符合野生动物生存的需求。水池本身也是属于野生动植物的水池。本节介绍的水景必定会吸引许多的昆虫以及两栖动物，它们都能在植被中找到属于自己的生存家园，只要它们能够在水景中自由地进出。

水景要素

尺寸	4米×5米
配置	大型到小型花园都可
土壤	中性或酸性壤土
地点	全日照到半阴

采购清单

- 黄菖蒲（*Iris pseudacorus*） 1株
- 玉簪 "总额"
  （*Hosta* 'Sum and Substance'） 1株
- 欧白芷（*Angelica archangelica*） 2株
- 粉被灯台报春
  （*Primula pulverulenta*） 5株
- 剪秋罗（*Lychnis flos-cuculi*） 3株
- 二穗水蕹
  （*Aponogeton distachyos*） 1株

种植与维护

本节中所采用的植物都是喜湿植物，需要种植在排水良好的潮湿的土壤里。大多数都在晚春和早夏开花。它们中有一些能够为野生小动物提供避难所，还可以为昆虫提供甘露。黄菖蒲和剪秋罗需要摘去多余的枯萎的花头，因为它们会产生很多的种子，导致在随后的几年里过度繁殖而不可收拾。欧白芷开花以后便会死亡，所以你必须收集种子以便来年种植，后年再次开花（欧白芷为两年生植物，第一年里只生长叶片）。报春花可以通过分株繁殖，但是如果你想收集种子，那么就需要更多的植株了。晚冬时候再将种子播在室内的穴盘里。

黄菖蒲
❋❋❋ ☼ ◐ ☼ ♈

玉簪 "总额"
❋❋❋ ◐ ◐ ☼ ♈

欧白芷
❋❋❋ ◐ ☼ ◐

粉被灯台报春
❋❋ ◐ ☼ ♈

剪秋罗
❋❋❋ ◐ ◐ ☼ ◐

二穗水蕹
❋❋❋ ☼ ◐ ☼ ◐

东方风格水景

东方文化思想对水景的设计风格和植物配置有很大的影响。如图中的竹篱、木板形状、摆放位置及方式，还有石阶元素都极具东方气息，折射出东方独有的文化色彩。种植的植物大部分都是禾本科植物，与根乃拉草(*Gunnera*)的巨型叶片和睡莲的圆形叶片在叶形和质地上形成强烈的对比。

水景要素

尺寸	5米×4米
配置	小到中型花园
土壤	肥沃的壤土
地点	荫蔽场所,全日照

采购清单

- 轮伞莎草(*Cyperus involucratus*)　3株
- 大叶蚁塔(大根乃拉草)
  (*Gunnera manicata*)　1株
- 睡莲"詹姆斯·布莱恩"
  (*Nymphaea* 'James Brydon')　2株
- 千屈菜(*Lythrum salicaria*)　1株
- 芦苇(*Phragmites australis*)或花蔺
  (*Butomus umbellatus*)　3株

种植与维护

植物配置比较简单,只需要限制藻类生长即可,也可以种植一些装饰植物。选择小型睡莲的原因是睡莲深粉色的花与周围环境搭配非常完美。控制睡莲生长也非常重要,这样做是为了有足够的水域观赏岸边植物的倒影。芦苇是最美丽的禾本科植物之一,但需控制其长势,如果太过繁茂,会布满整座水池。及时摘去千屈菜枯萎的花头以及枯枝枯叶,以防它们落入水中。轮伞莎草不耐霜冻,冬季最好将其移入温暖的地方。

轮伞莎草
❀ ☀ ▽

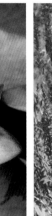

大叶蚁塔
❀❀ ☀ ▽ ▽

睡莲"詹姆斯·布莱恩"
❀❀❀ ☀ ▽

千屈菜
❀❀❀ ☀ ▽

芦苇
❀❀❀ ☀

可替换植物

花蔺
❀❀❀ ☀ ▽

风格别致的鱼池

人们构建水池的一个主要原因就是能够享受鱼游来游去的动感以及水面波光粼粼的光影。适当的种植植物可以弥补水池喂养鱼的不足。尽管鱼的粪便会污染池水,但是茂盛的植物可以减少鱼对水池的影响。本书中设计的香蒲、慈姑以及泽泻都非常经济,如果你经常适量给鱼喂食,那么这些植物会帮助你消化清理掉鱼留下的污染物,从而保持池水的清洁。

水景要素

尺寸	3米×4米
配置	小到中型花园
土壤	天然壤土
地点	全日照

采购清单

- 香蒲(*Typha latifolia*)　　　　1株
- 蚊叶橐吾"火箭"
  (*Ligularia dentata* 'The Rocket')　1株
- 齿叶橐吾"德斯迪蒙娜"
  (*Ligularia dentata* 'Desdemona')　1株
- 慈姑(*Sagittaria sagittifolia*)　3株
- 泽泻(*Alisma plantago-aquatica*)　1株
- 雨伞草(*Darmera peltata*)　　1株

种植与维护

把植物种在伴有少量黏土的花园土填充的容器中。如果你想喂养鲤鱼,注意它们会吃掉大多数沉水植物。为预防此现象发生,水中的植物最好用塑料膜覆盖的铁丝网隔开,从池底一直延伸到水面下,禁止鱼通过。水池周围种植一些紧扣主题的水生植物。在种植以前你需要先在混有腐熟的混合肥或有机肥的土壤中翻挖以保持土壤湿度,水要求浇透,并且每年春季都需要追施混合肥料。

香蒲
✿✿✿ ☀

蚊叶橐吾"火箭"
✿✿✿ ☀ ◐ ♔

齿叶橐吾"德斯迪蒙娜"
✿✿✿ ☀ ◐ ♔

慈姑
✿✿✿ ☀

泽泻
✿✿✿ ☀ ◐

雨伞草
✿✿✿ ☀ ◐ ♔

韵味木桶水景

如果你因为没有足够的空间去构建水池，而你又想构建一个中庭水景，那么就可以把水生植物种植在木桶等容器中进行摆设。这种水景形式的优点就是你可以采用花盆来展示植物，可以观赏到比水池水景更多的植物，而且能够随意移动，任意摆放，不受拘束，而这是在水池里这是难以实现的。例如，金莲花(*Trollius*)需要摆放在阳光充足的地方，观赏效果最好。

水景要素

尺寸　任意大小都可
配置　小型花园或中庭
土壤　壤土
地点　阳光充足或部分遮阴

采购清单

- 西伯利亚鸢尾 "佩里蓝"
  (*Iris sibirica* 'Perry's Blue') 2株
- 金莲花(*Trollius chinensis*) 3株
- 花叶水葱(*Schoenoplectus lacustris subsp. tabernaemontami* 'Albescens') 3株
- 庭园金梅草(*Trollius x cultorum*) 3株

种植与维护

确保你所采用的容器是防水的，也可以用塑料布自行制作衬里来防止漏水。在将种植筐沉入水中前，需要把植物放入填充有壤土混合基质的种植筐中。放入种植筐会使植物在容器中的摆放变得容易，分株的时候也只需将种植筐直接提出来即可，更加方便快捷。在种植筐的混合基质上盖上砾石可以有效地固定土壤，特别是在移动种植筐的时候。及时补充容器中的水，植物消耗的水量将令你诧异不已。植物生长季里你几乎不需要做什么，它们开完花后，你可以接着用花期稍晚的植物替代。容器中植物不耐霜冻，因此，你需要采取一定措施保护它们免受冻害。

西伯利亚鸢尾 "佩里蓝"
❄❄ ☼

金莲花
❄❄❄ ☼ ◐

花叶水葱
❄❄ ☼

庭园金梅草
❄❄❄ ☼ ◐

水景管理

水池和水景如果不及时维护就会变得毫无生气，杂草丛生。本章针对水景花园的维护主要告诉你如何保持水源清洁，不受藻类污染，以及水景的虫害防治等基础知识。此外，本章中也涉及了四季水池维护的一些建议，选择和养护鱼的综合知识及保证水景或水池安全的技巧等。

保持池水清洁

藻类个体较小，在阳光下生长迅速，能够在短时间内使清澈的池水变成暗绿或褐色。若是在热天这种现象更严重。保持池水清洁是水景维护中的主要问题，你必须结合多种措施综合治理才能限制藻类的生长。

浮动的大麦秸秆

既便宜又无污染的大麦秸秆能够去除水中的氮元素，使藻类缺氮。在早春时将大麦秸秆装入网袋中，然后再放入水池里。网袋既可以是漂浮的，也可以沉在水下，可能的话，把它放在喷泉或跌水附近，这样氧气可以加速秸秆的分解。当秸秆变成黑色时就要更换新的秸秆了。

购买过滤装置

目前主要有两种类型的水池过滤装置，机械型过滤装置和生物型过滤装置。机械型过滤装置主要去除池水中需要经常清理的固体颗粒。生物型过滤装置则主要通过有益菌降解有机物质。有益菌的活化需要时间，当活性有益菌生长过剩时，必须定时清理过滤装置。要想永久性限制藻类的生长，生物过滤装置最好与紫外净化装置结合使用。

种植补氧植物

补氧植物的主要功能就是通过消耗营养和遮挡阳光，抑制藻类的生长，从而达到净化和清洁池水的效果。生长季里它们在白天也会产生一定量的氧气。然而，这种多年生水生植物大多数在冬季会枯萎凋零，而且晚上和其他植物一样会释放出二氧化碳，所以也需要及时限制它们的生长。这些补氧植物与野生小动物的关系也非常密切。野生小动物，如昆虫幼虫、水蚤和鱼会将卵排在植物叶间，这里也常是它们的栖息场所。因此，还必须要保留野生动物进出的通道。

使用专利品牌

有许多的专利品牌可供选择，而且可以快速取得效果。然而，要想成功地使用这些专利产品，必须严格遵循制造商的产品说明书，还必须知道水池的精确容积。这些产品中许多是含铜化合物，能够除去水中的过剩氧气，但会危害到鱼。过度的使用还会危及植物。这类产品的另外一个缺点就是死亡的藻类仍然留在水池中，这样它们的腐化物质也会增加池水的毒性。

补氧植物：

- 水马齿属
  (*Callitriche*)
- 金鱼藻
  (*Ceratophyllum demersum*)
- 红丝青叶
  (*Hygrophylla polysperma*)
- 轮叶狐尾藻
  (*Myriophyllum verticillatum*)

- 菹草
  (*Potamogeton crispus*)
- 对生密叶眼子菜
  (*Potamogeton densus*)
- 水毛茛
  (*Ranunculus aquatilis*)
- 狸藻
  (*Utricularia vulgaris*)

水面覆盖

水面遮阴可以阻止藻类过度生长，所以水面生长的植物就变得非常有用，遮盖水面的同时还可以调节水温。注意不要遮盖整个水面，否则水面就看不见倒影了，也不能欣赏鱼儿嬉戏，从而影响观赏效果。只需遮盖大约1/3的水面即可。睡莲通常被用来覆盖水面，如下图。二穗水蕹（*Aponogeton distachyos*）、萍蓬草根（*Nuphar*）以及荇菜（*Nymphoides eltata*）也是不错的选择。

青蛙、蟾蜍的繁殖

早春时节，青蛙和蟾蜍苏醒后在池中产卵。水池中的蝌蚪能够帮助清除藻类和池中有机杂质，但是一定要注意清理水中死亡蝌蚪的残体，用适当大小网格的渔网捞起即可。此外需要注意的是，野生动物的活动会影响到池中的植物，所以一定要定期检查种植筐中的植物是否稳固，以免影响到植物的正常生长。

植物消毒

为了阻止藻类生长，同时减少鱼和植物的病害传播，新增加的植物必须先用弱盐溶液洗净，然后再入清水中漂洗干净，这样才能植入水池。或者，你可以采用温和的消毒方法，有许多的专利产品供你选择。对于装饰用水景，既没有植物也没有鱼，你可以在池水中加入消毒药丸或溶液，以保持池水洁净，操作应遵循厂家说明书，切忌在种植植物的水池中应用消毒剂。

寻求自然生态平衡

限制藻类生长的理想解决方法是建立水池的自然生态平衡，这种条件下藻类就不会自由过度生长。如果效果不显著，水仍然呈绿色，可以通过减少水池光照，定期清除死亡叶片，种植植物来吸收水中过剩的营养。如睡莲就可以降低池水中的营养水平，或种植补氧植物也可消耗水池中的营养。更换池水不仅可以导入新鲜的营养，一定程度上也补充了由于蒸腾作用丧失的水分。应用专利产品来保持池水的清洁也是选择之一。

杂草处理

水池实际上就是一个花坛，只不过它是水生植物汇集而成花坛，所以也像花坛一样，很容易受到杂草的影响。

清除浮萍　最常见的浮水杂草应该就是浮萍了。它通常是由新引入植物或鸟足携带而进入观赏水池中。去除它最好的方法就是用网袋捞起然后就放在池边晾干，到时候可以将它们添加到混合肥料中。此外，金鱼和鲤鱼也会食用一部分浮萍。

野生动物栖息地　尽管浮萍是一种令人头疼的植物，但是它们也为许多小动物提供了栖息地，如昆虫幼虫、蝌蚪以及小水蜥，尤其是当小动物隐藏其间，可以保证它们的健康成长。处理的方法是将捞出的浮萍倒出，晾置在池水附近的卵石滩或塑料膜上，这样浮萍大约一天就可以晾干，在这之前，你能够发现藏身浮萍中的小动物，帮它们返回水池就可以了。采用这种方式你也可以抓到一些害虫，像大龙虱和蜗牛等，这些虫子都很容易识别。为了保证池水的洁净，增加水景的观赏效果，清除和处理它们是必须的工作。

清理棘手植物　阳光充足而且营养丰富的新建水池容易遭受到水绵的入侵。它们的孢子主要是通过风来传播的，但是也存在于所购买的大多数植物的表面。池水中的水绵大部分可以用网、竹竿或耙子捞出。反复清理通常可以限制它的生长，直到从水池中完全消失。目前有许多品牌产品可以帮助限制水绵的生长，但是也必须反复使用。现已经证实，大多数情况下，采用秸秆可以成功限制池中藻类的生长。无论什么种类的秸秆似乎都有效，但是大麦秸秆效果最佳。从早春到晚秋，每平方米水域可以使用秸秆50克。6个月以后，秸秆便会腐败变黑，需要及时更换。

控制观赏植物生长　许多水生植物实际上就是野生植物，它们已适应在恶劣的自然界条件中自由生长。当把它们移植到你的水池中保护起来、精心栽培时，通常它们会大肆疯长，因此限制它们生长的唯一方法就是把它们种植在种植筐中。尤其注意的是灯芯草和一些鸢尾，在它们的生长季要及时剪除过度生长的植株。池中过盛的睡莲可以通过春季修剪来控制它们的生长。

在成熟之前摘去种穗是限制物种过度繁殖的好方法。大多数水生植物都能够产生大量的种子，如果让它们自由扩散传播，植物就会很快占据邻近的种植筐和花坛。这一自然过程也会导致长势差的植物的窒息死亡。

避免上述问题的最好方法就是不要从野外采集所需植物，除非有特殊需要。最先就将植物选择纳入考虑将会利于后期的管理和维护。

入侵植物　有些植物是自然界的"疯狂殖民者"，弃用它们是最好的选择。入侵植物，如粉绿狐尾藻和卷叶蜈蚣草，这些容易清理的植物最好不要让它们进入天然水池、水渠或溪流中。以下为入侵植物：

- 卡洲满江红(*Azolla carolininiana*)
- 黑乐草/肉叶草(*Crassula helmsleyanum*)
- 伊乐藻(*Elodea canadensis*)
- 漂浮雷公根(*Hydrocotyle ranunculoides*)
- 黄菖蒲(*Iris pseudacorus*)
- 灯心草(*Juncus effusus*)
- 千屈菜(*Lythrum salicaria*)
- 卷叶蜈蚣草(*Lagarosiphon major*)
- 粉绿狐尾藻(*Myriophyllum proserpinacoides*)

粉绿狐尾藻　　　　　卷叶蜈蚣草　　　　　漂浮雷公根

虫害防治

水池都会吸引各式各样的小动物，但有些会对水生植物本身造成危害，同时影响水池管理。所幸它们造成的影响不大，也易控制。

预防措施　首先，不提倡使用杀虫剂，因为这样也会伤害栖息在水池里的有益小动物和昆虫。生长健壮的植物一般能抵抗常见病虫害，病弱植株可直接清除。定期检查植株，剪除明显病叶及病枝，剔除所有死亡的叶片以阻止真菌的扩散，。注意有一些植物如雨久花（*Pontederia*），生长发育较晚，所以注意不要连根拔起植株，因为它们生长较预想中缓慢。为了防止由于疏忽大意让病虫害进入水池，可以用低浓度消毒溶液清洗新引进植物的根系，或把它们置入弱盐溶液中，之后用清水漂洗干净，再行种植。

助长天敌　青蛙、蟾蜍和水蜥等以昆虫、蛞蝓和蠕虫为食。要吸引这些益虫，必须保证你的水池边有大量植物，以方便它们活动，也只有这样才能让它们在繁殖季节以外呆在水池附近。此外，可以用石子和枯木筑建一些潮湿隐蔽场所以供益虫栖息。如果你还想在水池中喂养鱼，它们也会吞食一部分有害昆虫，包括蚊子和小昆虫幼虫。

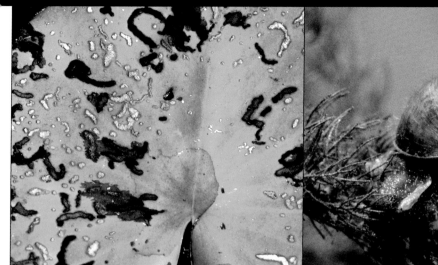

睡莲虫害　主要有两种害虫危害睡莲。睡莲小萤叶甲在早春时将卵产在睡莲叶盘上。卵孵化出黑色的幼虫，以叶片为食(如上图)，严重影响植株的健康生长和美观。采取的措施是剪除危害严重的叶盘，将成虫和幼虫用水洗掉即可。另一种害虫就是飞蛾幼虫，它会切碎叶片，将碎叶粘在叶背，然后在这样的夹层中生活，可以用手去除这种毛毛虫。

水下害虫　大多数水下蜗牛是无害的，主要食用水下的腐叶，将其转化为有用的植物营养。如图小圆蜗牛和苹果螺可能存在于你的池塘水景中。然而，大塘螺，它有一个长长的螺壳，对植物是有害的。将生菜叶片放在水面，可以吸引蜗牛，然后就可以用网捞除它们。

蚜虫和蛞蝓　蚜虫会使睡莲以及一些池岸边的沼泽植物长势衰弱。用强水流喷洗植株可以将昆虫冲进池中，供鱼食用。通过在植株喷洒杀虫剂也是有效去除害虫的方法之一，但注意不要污染池水。蛞蝓会吃光池边的植物，如上图中的玉簪。可以采用除蛞蝓药、啤酒陷阱法、粗沙覆盖法或铜环法来控制蛞蝓的危害。

四季维护

一个好的水池需要像花坛一样维护,但是需要更加精心的管理,在约4-5年后需要彻底地清理更新,才能长期维持水池良好的状态。

冬季

每年的这时候需要做的工作很少,除非你在水池中还喂养了观赏鱼。冬季里最重要的事情莫过于池水表面结冰以后一定要保证池水中的空气足够新鲜。冬季,冰层会将有毒气体封闭在水下,如甲烷气体,它是植物腐败以后自然产生的气体。需要在冰面上凿洞以释放这些有毒的气体。可以采用电子加热器凿洞,或者在水池水面简单放置一个漂浮的旧网球。如果网球被冻在冰层表面,用热水融化即可。在水面冰层扩大时,网球还可以阻止水池水面冰层破裂,因为网球会分散一部分压力。绝对不要用锤子破冰,这样会产生震动,从而伤害到鱼。

冬季即使水面结冰,也不要给鱼喂食,因为在低温时它们的消化系统已经停止工作,处于休眠状态。

春季

这是考验水景中池岸边植物和水生植物的最佳时节。一些生长过快的植物需要适当修剪。还有一些植物需要抬高栽培,重新种植在生长条件更适合的地方。间隙处可以适当地补种一些分株植株或新的植物品种。

将池岸植物移栽到种植浮水和沉水植物的地方时,不要忘记更换固定泥土的砾石。水下植物则需要较大的卵石固定泥土以防止鱼将植物掘出。

检查水景中电气设备是否能够正常运行。春季的霜冻不再是威胁,可以重新安装需要的水泵(冬季水泵要求从水里取出放屋里备用)。

喂鱼时,开始时2到3天喂食一次,之后根据水温增加喂食份量。将水面的遮网移除,让植物自由生长。

冰冻时在水面放置一个网球形成孔洞以供鱼换气之用。

更换种植筐中植物周围的砾石,将泥土固定起来。

夏季

夏季温暖懒散的日子里，你可以尽情放松和享受水池水景。但是，还是有一些需要做的维护工作。枯叶和死叶必须及时清除，尤其需要清除水池中睡莲全年自然枯萎的叶片。此外，还需要注意可能影响植物和鱼生长的疾病迹象。

天热的时候，喷泉或跌水会加剧水的蒸腾作用。但当池水水位下降过快时你要考虑水池是否会有漏水发生。因此，必须定期补给储水箱和水池中的水。天热还会导致水中含氧量降低，如果你看见有鱼在水面换气，你必须马上用水管或水罐往水池中补给新鲜水，以满足水中含氧需求。

夏季有些植物如耗氧植物生长很快，你可以适当拔除多余植株以限制它们生长。清除池边生长的一年生和多年生杂草也是非常必要的。

秋季

秋季结束时正是水景整体清理的时候。镶边植物通常会产生大量的种子，需要对它们进行疏枝处理，以防止它们随处萌发。剪除枯死叶片，在水池正上方放置一张渔网，收集尽可能多的从周围树上和灌木上掉下的落叶。同时，网也可以保护你的鱼免受苍鹭的攻击。

减少鱼喂食分量，霜冻时停止喂食。此外，还需在池底放置一根64厘米长的陶制排水管以便鱼藏身。

检查所有水景结构，如石板、小桥以及墙壁。修复损坏、破裂、塌陷及脱离部位，如不及时修复，这种破坏在越冬过程中将会加剧，缩短水景使用寿命。

剪除夏季植株上的枯叶和死叶。

水池遮网以收集秋天的落叶。

植物分株

许多水生植物生长迅速，大部分采用分株繁殖方式。春季，植物开始恢复生长，将根系生长超出种植筐的植株进行分株以控制生长，这样做有利于调节植物的生长。

成功小窍门

在分株之前用花园水管将植物根系上的旧土及杂物冲洗干净，这样可以使工作更简单些。

1　将需要分株的植株的种植筐从水池中提上来，并将植株从种植筐中移出。你可能需要破坏种植筐才能将植株完好无缺地分离出来。

2　将植株分成适当的大小。你可能需要两把叉子才能完成这一工作。有些纠缠在一起的根系可以用刀具切开，但是一定要小心谨慎，以免造成植物过多的损伤。

3　用较锋利的小刀，将主根或根状茎切断，然后分开植株，注意保留尽可能多的新生须根。新的分株不要太小。

4　为了促进新生分株植株的生长，如图剪去植株茎叶的2/3长度。这样做可以促发来年新生根系的健康生长，使分生植株更加健壮。

5　挑选最好的分株种植在盛有优质土壤的种植筐中，要求根颈部位即根茎相接处刚好露出土表。在种植筐土壤的表面覆上石子，防止鱼扰动泥土。将种植筐重新放入池中。

喂饲鱼

鱼可以为水池增加特色和动感，且宜于喂食驯养。在晚春水暖时节引入鱼种最为适宜。

在养鱼之前需要确定你的水池能够喂养鱼的数量。

水池大小要求

一般来说，2.5厘米长的鱼要占用30厘米的水域，根据这一原则，你可以估计你的水池可以容纳鱼的数量。但是切记鱼还会成长，这在规划时必须考虑进去。

如果要能为你的鱼提供足够的呼吸水域，你的水池需要至少有70~100厘米深，这样鱼冬天可以在这片无冰的区域停留休息。如果还想喂养锦鲤，那水池水深最好达到1.2米。

喷泉和跌水可以提供额外的氧气，但是这不要成为你喂养过多鱼的理由。

鱼的选择

普通的金鱼是花园水池里最好的观赏鱼。选择小型的、袖珍的、善游的鱼，不要选择裂鳍的、不活跃的、有血迹的、有小白斑或长有绒毛的鱼。

金鱼有很多品种，但是引人注目的金鱼最好还是养在水族馆里，而不是在水池里。圆腹雅罗鱼主要在水面游泳，但是要求水池至少有3米长，因为它一旦受到惊吓，水池太小可能会跳出水池。锦鲤和其他鲤鱼都需要较大的水池喂养，它们会吃掉许多的植物。

扇尾金鱼个体较小，耐性不如普通金鱼。

普通金鱼比较适应小型水池。

适于水池喂养的鱼：

- 金鱼：
  朱文锦，扇尾金鱼，
  金色彗星，
  萨拉萨彗星
- 圆腹雅罗鱼
- 镜鲤
- 鲫鱼
- 锦鲤
- 赤睛鱼
- 丁鲷

鱼入池须知

鱼对敲击振动和温度的突然变化非常敏感。所以你把买的鱼放入水池时必须要注意动作轻缓。它们买来时通常被放在充满氧气的塑料袋中,但是这只能支撑比较有限的时间。

塑料袋不要触碰到任何坚硬的物体。首先,让袋子漂浮在水面上,使袋内外温度一致,打开袋口,让外部新鲜空气替换袋中的氧气。约20分钟以后,轻轻地将鱼从袋中倒入水池中。开始一两天鱼可能会藏起来,但是不久就会出来活动嬉戏。

袋内温度与池水温度一致时,将鱼放入水池。

鱼池植物

水池是一个生态系统,池中的植物对于鱼的健康非常重要。首先,水生植物的叶片为鱼提供庇护,保护它们免受天敌危害,如苍鹭。其次,池中和池边的植物还会消化吸收鱼留下的废弃物,以保持池水的清洁,同时也为鱼提供额外的掩护和荫庇。

适于鱼池种植的植物:

* 菖蒲(*Acorus calumus*)
* 二穗水蕹
  (*Aponogeton distachyos*)
* 花蔺(*Butomus umbellatus*)
* 驴蹄草(*Caltha*)
* 鸢尾(*Iris*)
* 沼泽勿忘我
  (*Myosotis scorpioides*)
* 青荷根/欧亚萍蓬草
  (*Nuphar lutea*)
* 睡莲(*Nymphaea*)
* 慈姑(*Sagittaria*)

燕子花　　　　　　　　青荷根/欧亚萍蓬草

鱼的养护

通常，对于植物生长良好、生态自然平衡的水池而言，观赏鱼并不需要特别地养护。但是要保证它们健康不受干扰，我们还需做一些工作。水池水质维护非常重要，必要的时候还需要为鱼额外提供鱼食和庇护。

是注意不要过量，否则可能导致疾病的发生。一个简单的喂食原则就是鱼的喂食量不要超过鱼3~4分钟的食用量。

生物饵料　水池本身会提供一些自然生物饵料，例如小昆虫和蚊子的幼虫，但是你还需要补充一些高蛋白食物，如线虫、线蚓、水蚤及冰冻饵料。食物多样化可以保证鱼营养均衡。鱼还会吃植物叶片和石块上生长的水下杂草及藻类，以摄取维生素和其他营养物质。

喂鱼

由于冬季鱼会休眠，所以在天气温暖时节，你必须喂足够多的食物，既要能满足自身能量和生长需求，又能为鱼越冬贮存食物做准备。早春开始喂食，一直持续到秋季霜降时。随着温度的下降，鱼就不会再消化食物了。

人造饲料　有许多专利品牌可供选择。浮性颗粒和片状饲料比较受欢迎，因为食物会把鱼吸引到水面，这样更有利于赏鱼。喂食开始时即春季开始喂食时应该是一日一次。随着夏季水温的升高，喂食分量可以逐渐增加，但

冰冻饵料通常被封装成板状，每一版中包含多块等量食物，如图。

保护鱼免受天敌侵害

鱼最常见和最危险的天敌就是苍鹭，它通常在拂晓左右出现。除了在水池上盖网，没有其他可行的防御措施。网要求架设得足够高，不要影响植物的生长。网同时也可以阻止猫的威胁，但是设网也有不足，比较难看，并且很难架设。

你可能更愿采用其他替代保护措施，即通过睡莲叶盘和其他植物叶片覆盖水面以达到庇护鱼的目的。更有效的方法就是在池底放置一根陶制排水管或混凝土水管，用做鱼的空袭庇护所。

鱼的天敌还包括龙虱、蜻蜓幼虫和鱼虱。只要你看到龙虱和蜻蜓幼虫，就要把它们抓出来。也可以把一小块肉绑在一段棉线上，把它悬在水面，下端没入水中，诱捕龙虱幼虫。当幼虫咬食肉片时，你就可以把它钓出来。鱼虱在鱼体表面，易见，可直接去除它们。把受影响的鱼固定在一块湿布上，轻轻地用镊子除去鱼虱，然后杀死鱼虱。最后用盐溶液给鱼身上的伤口消毒。

小型花园水池容易吸引小苍鹭，因为那里它们比较容易捕到鱼。

金鱼的繁殖

在春季和秋季，鱼雷状的雄鱼会追逐较肥胖的雌鱼。金鱼长到8~10厘米时就开始繁殖，在水草丛中产卵。

由于卵和新孵化的鱼苗可能会被大鱼、天敌及其他的鱼吃掉，所以只有很少的小鱼可以存活下来。鱼卵颜色也许会是黑色，也许是橄榄绿色。一般来说，你看到的大多数卵是橄榄绿色，这属于野生鱼，它们可能最终会淘汰掉池中金色鱼种。最好用渔网将它们捞出，消灭掉，不要将它们放入天然水中。保留深黑色的鱼苗，它们中有一些可能会在第一年变成金黄色，这才是我们期望的鱼种。

金鱼在第一季通常会产很多鱼苗，随后的几年似乎不再产子了，这实际上是由于第一年产生过多的鱼苗导致水池鱼过多，所有的鱼卵和鱼苗被大鱼吃掉所致。

雌金鱼产的卵为琥珀色球状，之后由雄鱼授精。

常见的问题

人们通常会在水池喂养过多的鱼，尤其是在有喷泉和跌水的时候更是如此，喷泉和跌水增加了水中的含氧量，因此可以喂养更多的鱼。一般情况下，鱼会生长很好，除非停电或天热时候。如果发现鱼在水面换气，那么你需要用水管往池中强注水数分钟，以更换池中氧气，也可以适当减少池中鱼数量。

病害总是存在于池水中的，生长较弱或受伤的鱼可能会因此而死亡。如果发现得早，还是可以补救的。最常见的疾病就是白斑病，表现为鱼体和鱼鳍上有小白斑，但是不要与雄鱼繁殖时鳃上的白斑相混淆。可以采用治愈白斑病的专利产品。腐鳍病和溃疡病也可能发生，它们都有专门的治疗方法。如果你怀疑鱼生病了，可以咨询兽医。

适当遮阴和良好的喂食是鱼健康活跃和消除病害的基本保证。有条件的话，对新买的鱼种必须进行检疫。同时，移除池中锋利的石块，去除池中的有害昆虫，可以一定程度上使鱼免受伤害或少受伤害。

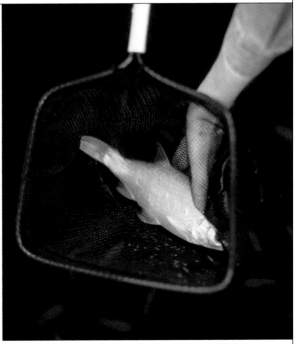

抓鱼时尽量轻缓温和，把鱼放平稳，防止鱼受到伤害。

水池安全事项

水景虽然是花园的重要而美丽的组成部分，但是它同时也存在一定的安全隐患，你必须认识到这一点。采取一些简单的预防措施可以从一定程度上降低水景的危险系数。

危险的来源　水池有着潜在的危险，所以最好架设栅栏或采取其他方式以保证安全。例如，可以在水池的周围围上结实的篱笆，防止儿童跌入池中。石阶不稳或石板不牢都是危险来源，但是可以通过加强工程质量防止危险事件发生。经常性地维护检修水景中的电气设备，去除木头表面生长的藻类，防止表面湿滑。

求助专家　必须遵循科学建造原则，忽略该原则的代价可能是非常昂贵的，不但建筑本身存在潜在的威胁，而且还可能导致不必要的维修花费。如果你有任何疑问，可以请求专业人士的帮助。自行连接安装电气设备本身就是违法的，除非你有电工资格。你可以将许多水泵连接在室内电力供应接口上，但是最好让电缆穿过加固的塑料管以保护线缆不受损伤，从而保证安全(如上图所示)。

自给水景及中庭　自由式水景几乎没有安全问题，但是你必须保证所有的电源连接不仅要隐藏好，儿童无法触及，而且还要求宠物无法发现，防止掘出。铺设在周围的石块必须非常稳固，以便人们通行。铺设中庭路面和安装相关照明设备时也必须遵守本安全指南。

池面安全　如果花园是供婴儿或儿童使用，最好还是不要在花园中构建水池，一个小型中庭水隐式喷泉是不错的选择。然而，如果你确实想构建一座水池，就必须具备一个结实的金属护栏(如图所示)，铺在水面上。风格有很多种，选择足够结实能够支撑儿童重量的格栏，必须保证在水面足够安全。注意，池面的渔网是不结实的，并不能保障儿童的安全。

种植指南

本指南中所涉及的水生植物和喜湿植物均是根据它们对水深的要求进行分组介绍，从相对较深的睡莲到只需湿地的沼泽植物。许多植物都获得过RHS园林优异奖，这说明它们都是比较优秀的花园植物。

植物符号

♚ 获得RHS（英国皇家园艺学会）花园奖的植物

土壤需求

◌ 排水良好的土壤

◑ 湿土

● 涝土

光照需求

☼ 全日照

☼ 半阴或斑驳光照

☀ 全阴

耐寒

❄❄❄ 从霜冻到整个冬季都需要保护才能过冬植物

❄❄ 可以在温和地域或有庇护的场所户外过冬的植物

❄ 完全耐寒植物

❀ 完全不耐任何霜冻的植物

睡莲

睡莲"诱惑"
(*Nymphaea* 'Attraction')

这种生长旺盛、自由绽放的睡莲非常适合较大一些的水池。从仲夏至夏末，在绿叶的映衬下它所呈现的红绛色花儿熠熠生辉，花色非常美。若被人为移动，它会生出白色或者粉色的花来。

水面展幅: 2米 PD: 1~1.2米
❀❀❀ ☼ ♛

睡莲"红纱"
(*Nymphaea* 'Escarboucle')

该品种以法国文学中所描述的如意宝石来命名，在所有开红花的品种中是最佳的。每至盛夏，它将绽放出深红色的花朵，其直径可达30厘米，花中央是橙色的雄蕊。花期至夏末结束。待生长稳定后，开花状态最好。

水面展幅: 1.5米 PD: 60~100厘米
❀❀❀ ☼ ♛

睡莲"福禄培尔"
(*Nymphaea* 'Froebelii')

对于盆植或较小的池塘栽植而言，"福禄培尔"可以说是非常不错的选择。该品种具有紫绿色的叶片，较小的血红色的花瓣。从盛夏直至秋季，开花不断。因体量小，该品种也可与其他植物一起配栽。

水面展幅: 75厘米 PD: 30~45厘米
❀❀❀ ☼

睡莲"大马车"
(*Nymphaea* 'Gladstoneana')

大型白色蜡质花朵由棕色茎杆承托着，盛放于深绿的圆叶丛中。该品种的花期一直从晚春到早秋。长势强、花期长的特点使它仅适用于大型水池。

水面展幅: 3米 PD: 1~2米
❀❀❀ ☼ ♛

睡莲"雪球"
(*Nymphaea* 'Gonnère')

这种美丽的睡莲对于中等大小的水池非常适宜。从仲夏至夏末，它像洁白的明珠（由很多尖端钝圆的花瓣所组成）一样绽放傲立在水面上，紧裹着的绿色萼片更显出它的无暇。它的幼叶为铜绿色。

水面展幅: 1.5米 PD: 60~75厘米
❀❀❀ ☼ ♛

睡莲"詹姆斯·布莱恩"
(*Nymphaea* 'James Brydon')

该品种叶片绿色略带紫，常可见褐紫色斑点分布其上，其花完全重瓣，花色深红，花期同样从盛夏至夏末。开花的状态犹如水中盛放的牡丹花，极其美丽，是装点中小型池塘的理想植物。

水面展幅: 60厘米 PD: 45~60厘米
❀❀❀ ☼ ♛

睡莲 "利拉"
(*Nymphaea* 'Laydekeri Lilacea')

这一品种在小型水池栽植或盆栽表现良好。在花期，它将盛开大量浅玫瑰红的小花，随着时间的推移，花色逐渐变成亮红色。群体花期从晚春至早秋。

水面展幅: 45厘米 PD: 30~45厘米
❀❀ ☼

睡莲 "柠檬薄纱"
(*Nymphaea* 'Lemon Chiffon')

该品种长势极强，叶密布斑迹，花开于晚春至早秋，为柠檬黄色，重瓣，适于中小型水池以及容器栽植。

水面展幅: 75厘米 PD: 30~60厘米
❀❀ ☼

睡莲 "爱比达"
(*Nymphaea* 'Marliacea Albida')

从晚春至早秋，"爱比达"香气四溢，染有粉晕的白色大花总是为人所瞩目。"爱比达"叶片深绿，叶背为紫色或红色。该品种适合栽植于大型水池中。

水面展幅: 1.2米 PD: 60~100厘米
❀❀❀ ☼ ♟

睡莲 "克罗马蒂拉"
(*Nymphaea* 'Marliacea Chromatella')

这一具有淡黄色花瓣的传统品种，始于1877年，广受人们所喜爱。"克罗马蒂拉"的花期从仲夏至夏末。开花时，花中央为深黄色，边花略带粉色，十分娇俏。叶片为橄榄绿，并带有赤褐色的斑纹。

水面展幅: 1.5米 PD: 60~100厘米
❀❀❀ ☼ ♟

小花香睡莲
(*Nymphaea odorata* var.*minor*)

该变种叶片浅绿色，叶背深红色，花香而小，呈星形，白色，群体花期从晚春至早秋。是池塘栽植和盆栽的理想选择。

水面展幅: 45厘米 PD: 25~30厘米
❀❀ ☼

睡莲 "香鹦鹉"
(*Nymphaea* 'Odorata Sulphurea')

该品种叶片密布斑点，花呈星形，如金丝雀般的黄色，花期从盛夏至夏末，适于小型水池栽植。该品种纤弱的花瓣赋予了它独具的气质。品种名称虽含"香"字，但却没有浓香。

水面展幅: 75厘米 PD: 30~60厘米
❀❀❀ ☼

睡莲

睡莲"海尔芙拉"
(*Nymphaea* 'Pygmaea Helvola')

从仲夏至夏末,该品种所绽放的星形浅黄色花十分的赏心悦目。"海尔芙拉"成熟植株可一次性开30朵花。该品种叶片密布赤褐色斑点,它最宜栽植于小型池塘、水槽及器皿中。

水面展幅: 45厘米　PD: 25~30厘米
❋❋ ☼ ♈

红子午莲
(*Nymphaea* 'Pygmaea Rubra')

该品种在迷你型睡莲系列中体型最大,花色玫瑰红,会随时间推移转为暗红色,花期从仲夏至夏末。其叶片绿色,叶背红色。栽植此品种,您的小水池、容器或盆器会显得活泼生动,别有一番情趣。

水面展幅: 45厘米　PD: 20~25厘米
❋❋ ☼

睡莲"仁者"
(*Nymphaea* 'Rene Gérard')

该品种尤其适于小池塘和容器栽植。其叶片纯绿,花星状,呈玫红色,但深红色洒布其间。花期从晚春至早秋。

水面展幅: 60厘米　PD: 30~45厘米
❋❋❋ ☼

睡莲"红仙子"
(*Nymphaea* 'Rose Arey')

该品种为中等大小的睡莲。花星状,浅粉色,浓香,随时间推移,花色变淡。群体花期为5月中下旬至9月上旬。幼叶鲜红,后逐渐转绿,略带红色。

水面展幅: 1米　PD: 30~45厘米
❋❋❋ ☼

水芹花(子午莲)
(*Nymphaea tetragona*)

该种植物是阳台容器栽植的理想选择。其叶片仅长5厘米,纯绿色,但有时也有斑点。每至晚春时节,就可开出白色小花,简直像大型睡莲的缩小版一样,群体花期仅至初夏。

水面展幅: 30厘米　PD: 15~25厘米
❋❋ ☼

睡莲"理查逊尼"
(*Nymphaea* 'Tuberosa Richardsonii')

该品种叶片和萼片都为苹果绿,花为纯白色,不完全重瓣,如同芍药一般,群体花期从晚春持续到早秋。原产于北美的栽植品种不失为中到大型池塘的很好选择。

水面展幅: 1.1米　PD: 45~75厘米
❋❋❋ ☼

沉水植物

二穗水蕹（田干草）
(*Aponogeton distachyos*)

二穗水蕹原产南非，叶大部分沉水，草质，长椭圆状披针形，基部圆或近心形。白色穗状花序单生，花密集，具有像山楂般的香味。花期夏秋季。

水面展幅：60厘米　PD：60厘米
✿✿✿ ☼ ◐ ☀ ●

金鱼藻
(*Ceratophyllum demersum*)

金鱼藻是悬浮于水中的多年水生草本植物，叶轮生。在水中可有效捕捉阳光，控制其他藻类的生长，且可以为水中小生物提供庇护场所。扦插成活率较高。

水面展幅：无限　PD：1米
✿✿ ☼ ◐ ☀ ●

欧亚萍蓬草
(*Nuphar lutea*)

欧亚萍蓬草是一种生长迅速的浮叶型水生植物，叶大，厚革质，椭圆形。花呈黄色杯状，花期从晚春至早秋。日本萍蓬草(*N. japonica*)更适于小型水池种养。

水面展幅：无限　PD：60厘米~1米
✿✿✿ ☼ ◐ ☀ ●

荇菜
(*Nymphoides peltata*)

喜阳光充足的环境，适于浅水或不流动的水池。因其叶小，别致的黄色小花挺立其中别有一番婉约之味，故其也适于盆栽莳养。

水面展幅：无限　PD：40~75厘米
✿✿✿ ☼ ●

金棒芋
(*Orontium aquaticum*)

叶片蓝绿色，挺立或漂浮于水面。晚秋时节，其白色的铅笔状花序挺立水面，先端黄色，非常醒目。该植物所拥有的庞大根系有助于净化池水。

水面展幅：60厘米　PD：30~45厘米
✿✿✿ ☼

水生毛茛
(*Ranunculus aquatilis*)

这种植物在静水和流水中生长都很繁茂，是一种很好的制氧植物。其没入水中的叶片呈线型，较薄；而浮于表面的叶子则与普通睡莲的叶片十分相似了。当夏季来临，植株会开出白色的花朵。仲夏时节可利用根插法进行繁殖。

水面展幅：无限　PD：25~45厘米
✿✿✿ ☼

镶边植物

银纹菖蒲
(*Acoruscalamus* 'Argenteostriatus')

落叶性, 碎叶能够释放强烈的芳香气味。曾经用做覆地材料。本品种为观赏品种, 叶片上白色条纹。花较小, 色淡, 不显眼。不具有入侵性, 适合池塘或容器种植。

高度: 75厘米, 冠幅: 30厘米
PD: 20厘米
❋❋❋ ☼ ◐

石菖蒲 "白露锦"
(*Acorus gramineus* 'Hakuro-nishiki')

来自远东, 这种微型的常绿植物有迷人的金绿色簇生叶片。可以装饰小型水景, 如水桶或盆罐等容器。金线石菖蒲(*A. g. var. pusillus*)也很微小, 但是叶片几乎全绿。

高度: 8厘米, 冠幅: 15厘米
PD: 水位线
❋❋ ☼ ◐

金叶菖蒲
(*Acorus gramineus* 'Ogon')

小型常绿植物, 叶片绿色, 有金色条纹, 适合装饰水桶、盆罐以及小型池塘水景。春季分株繁殖。银线蒲(*A. g.* 'Variegatus')叶片有乳白色条纹。

高度: 25厘米, 冠幅: 23厘米
PD: 水位线
❋❋ ☼ ◐

泽泻(*Alisma plantago-aquatica*)

落叶性, 英国原产。花小, 白色, 成穗状, 夏季开放。通过种子传播、繁殖, 必须去除多余的花头, 限制其生长。蜻蜓幼虫喜欢这种植物, 常会停留在植物的茎上。

高度: 60厘米, 冠幅: 45厘米
PD: 30厘米
❋❋❋ ☼ ◐

花蔺(*Butomus umbellatus*)

英国原产, 落叶性, 叶片修长, 粉红色的花序呈伞状, 盛夏开放。开放的空间有利于植物的扩散传播。"红玫瑰"品种花为深粉红色; "白玫瑰"花为可爱的白色。

高度: 1米, 冠幅: 无限
PD: 5~15厘米
❋❋❋ ☼ ♈

水芋(*Calla palustris*)

晚春时开花, 苞叶青白色, 果实亮红色。心形叶片使植株显得很茂盛。这种植物很奇特, 它是通过蜗牛来传粉授精的。

高度: 25厘米, 冠幅: 45厘米
PD: 8厘米
❋❋❋ ☼ ◐

马蹄叶/驴蹄草/马蹄草
(*Caltha palustris*)

晚春开花,花金黄色,能够照亮最阴暗的角落。圆形叶片与鸢尾和芦苇叶片形成鲜明的对比。全草具药用价值。

高度: 60厘米,　冠幅: 45厘米
PD: 水位线
❋❋❋ ☼ ◐ ♈

白花驴蹄草
(*Caltha palustris* var. *alba*)

白花驴蹄草叶片边缘有齿状缺口。与黄花驴蹄草对比明显,一年开两次花,春季和早秋各一次。早春时可以分株繁殖。

高度: 45厘米,　冠幅: 30厘米
PD: 水位线
❋❋❋ ☼ ◐

驴蹄草 "玛丽莲"
(*Caltha palustris* 'Marilyn')

本品种是驴蹄草的优良改良品种,植株更直立。花量较大,从蛋黄到黄色都有。春季最好是对年长的植株进行分株繁殖,种子繁殖很难成活。

高度: 60厘米,　冠幅: 30厘米
PD: 水位线
❋❋❋ ☼ ◐

黄花驴蹄草
(*Caltha palustris* var. *palustris*)

早春时开黄色花。花茎的节梗处萌发出小植株,之后掉下与土壤接触,生长形成完整植株。因此,如果不加以限制可能威胁周围植物。

高度: 1米,　冠幅: 75厘米
PD: 水位线
❋❋❋ ☼ ◐

重瓣驴蹄草
(*Caltha palustris* 'Plena')

重瓣,花铬黄色至黄色,春季开放。容易分株。维多利亚人喜欢用它镶嵌绿草带的边缘。

高度: 30厘米,　冠幅: 45厘米
PD: 水位线
❋❋❋ ☼ ◐ ♈

草甸碎米荠
(*Cardamine pratensis*)

是英国最美丽的春季野生植物之一。花从粉红到淡紫色,叶片曾经用于做沙拉。碎米荠主要是通过对3年生植株进行分株以繁殖。

高度: 25厘米,　冠幅: 10厘米
PD: 水位线
❋❋ ☼ ◐

镶边植物

花叶泽生苔草
(*Carex riparia* 'Variegata')

花叶泽生苔草属落叶性草本。叶片白色，具绿色细纹。晚春至早夏开花，花褐色到黑色。极具入侵性，必须种植在种植筐中加以限制其扩张生长。

高度: 60~100厘米，　冠幅: 无限
PD: 8厘米
❀❀❀ ☼ ☀

荠叶山芫荽
(*Cotula coronopifolia*)

澳洲产，一年生草本植物，适宜种植在池边的浅水区。早夏开花，小花黄色，着生在匍匐茎上。通常用于林下种植，或做镶边植物，或种植在容器中。

高度: 25厘米，　冠幅: 23厘米
PD: 水位线
❀❀ ☼

问荆/马草
(*Equisetum arvense*)

具入侵性，早春时粉色至绿色的茎杆和羽状绿色叶片显得非常漂亮迷人。一定要种植在容器中，这样它才不会入侵到池边。本植物对动物有毒。

高度: 10~30厘米，　冠幅: 无限
PD: 水位线
❀❀ ☼

木贼/节节草
(*Equisetum hyemale*)

外表裸露的常绿草本。曾经一度用做洗刷用具。茎可供观赏，但是必须限制其生长，所以最好将它种植在容器中。品种"条纹"的茎有黄色条纹。

高度: 75厘米，　冠幅: 30厘米
PD: 10厘米
❀❀❀ ☼

窄叶羊胡子草/棉花莎草
(*Eriophorum angustifolium*)

落叶性，叶片细长，花白色，像棉絮一样，夏季开放。酸性土壤中生长良好，具入侵性，所以最好种植在种植筐或容器中。即便如此，它容易枯死在容器中，所以我们需要保存种子用于繁殖。

高度: 45厘米，　冠幅: 无限
PD: 5厘米
❀❀❀ ☼ ☀

斑叶大甜茅/大甜茅
(*Glyceria maxima* var. *variegata*)

迷人的高高的落叶性草本植物。叶片有绿色和淡黄色条纹，春季萌发时叶片为紫色。极具入侵性，所以必须种植在容器或种植筐中，并且修剪以防止它占据整个池塘。

高度: 1米，　冠幅: 无限
PD: 水位线
❀❀❀ ☼ ☀

燕子花
(*Iris laevigata*)

花大，中蓝色，据说是所有蓝色鸢尾中最好的。适宜种植在壤土中，3~4年内迅速生长成丛状，让初夏变得无比精彩动人。

高度: 75厘米，冠幅: 1米
PD: 10~15厘米
✹✹✹ ☼ ♛

燕子花 "利亚姆·约翰斯"
(*Iris laevigata* 'Liam Johns')

由德文郡的Rowden Gardens选育，故以家庭成员命名。本种花灰白色，中心紫蓝色，初夏开放。这种素雅的花色可以与深色花形成鲜明的对比。

高度: 75厘米，冠幅: 1米
PD: 10~15厘米
✹✹✹ ☼

燕子花 "理查德·格里尼"
(*Iris laevigata* 'Richard Greaney')

初夏开花，花很清新，淡蓝色。Rowden Gardens选育，同样是用家庭成员命名。它既可以与其他花色品种搭配，也可以独立配置。

高度: 75厘米，冠幅: 1米
PD: 10~15厘米
✹✹✹ ☼

燕子花 "斑叶"
(*Iris laevigata* 'Variegata')

银白色斑叶变种，叶片整个生长季都保持这种颜色。它是一种很有朝气的植物，夏季开蓝色的花，能照亮阴暗的角落，与绿叶植物对比鲜明。

高度: 75厘米，冠幅: 1米
PD: 10~15厘米
✹✹✹ ☼ ♛

燕子花 "午夜韦默思"
(*Iris laevigata* 'Weymouth Midnight')

花初夏开放，较大，重瓣，高贵的深蓝色，每个花瓣中间都有白色条纹。适合装饰任何形式的水景。

高度: 75厘米，冠幅: 1米
✹✹✹ ☼

黄菖蒲/黄花鸢尾
(*Iris pseudacorus*)

黄花鸢尾显得很热闹，是一种英国的野生花卉。初夏开花，花黄色，伴有褐色花纹。自从法国国王躲在鸢尾花丛中逃过敌人追杀后，它就被作为了法国的国花。

高度: 1.2米，冠幅: 1米
PD: 10~15厘米
✹✹✹ ☼ ◐ ♛

镶边植物

黄菖蒲 "白花"
(*Iris pseudacorus* 'Alba')

本品种是稀有品种。宽大的叶片呈大呈绿色，花象牙白至白色，花瓣上有隐约的束状灰色条纹。适合在壤土中生长，晚春至初夏开花。

高度: 1米，　冠幅: 60厘米
PD: 15厘米
✿✿ ☼

黄菖蒲 "淡黄花"
(*Iris pseudacorus* var. *bastardii*)

通常被误读作 "硫黄皇后(*Sulphur Queen*)"，这种鸢尾品种花淡黄色至黄色，晚春至初夏开放。适合种植在中型或大型池塘边，喜肥沃的土壤。花后分株繁殖。

高度: 1米，　冠幅: 75厘米
PD: 15厘米
✿✿✿ ☼

黄菖蒲 "重瓣"
(*Iris pseudacorus* 'Flore–Pleno')

重瓣品种，通常人们对它的好奇多过对美丽的欣赏。晚春至初夏开花，花整个像是一块抹布，上面点缀黄绿色至黄色的花瓣，但它的确引人注目，尤其在单独种植生长时。喜壤土。

高度: 1米，　冠幅: 75厘米
PD: 15厘米
✿✿✿ ☼

黄菖蒲 "斑叶"
(*Iris pseudacorus* 'Variegata')

春季叶片淡黄至黄色，随着植物的生长，逐渐变成绿色。至夏末时，叶片全绿。花与黄菖蒲花一样，同为黄色。

高度: 1米，　冠幅: 75厘米
PD: 15厘米
✿✿✿ ☼ ♛

彩虹鸢尾/变色鸢尾
(*Iris versicolor*)

初夏时开蓝紫色的花。本种植株比其他菖蒲稍小，但是通过大量生长弥补了本种的不足。适合种植在小型水景中。喜壤土。

高度: 75厘米，　冠幅: 75厘米
PD: 5厘米
✿✿✿ ☼ ♛

彩虹鸢尾 "胭脂"
(*Iris versicolor* 'Kermesina')

花朵艳丽，紫红色至红色，有白色斑纹，初夏开放。和其他品种一样，花后进行分株繁殖。可以搭配彩虹鸢尾种植，最好种植在容器中。

高度: 75厘米，　冠幅: 60厘米
PD: 5厘米
✿✿✿ ☼

彩虹鸢尾"推理"
(*Iris versicolor* 'Whodunit')

宽大的花瓣呈白色，伴有蓝色纹理，晚春至初夏开放。它作为典型鸢尾科植物，喜富含腐殖质的土壤。

高度: 75厘米，　冠幅: 60厘米
PD: 5厘米
❀❀❀ ☼

螺旋灯心草
(*Juncus effusus* f. *spiralis*)

螺旋灯心草有螺旋卷曲的似茎的管状叶片，当需要有特殊效果时，它就变得非常实用。夏季时开褐色小花，种子很多，所以要注意定期去除种穗，防止扩散蔓延。

高度: 30厘米，　冠幅: 45厘米
PD: 5厘米
❀❀❀ ☼

剑叶灯心草
(*Juncus ensifolius*)

生长缓慢的地被植物，叶片似禾本科植物叶片，花头黑色诱人。然而，它长势很强，具入侵性，需要种植在种植篮中，否则会威胁其他植物。通常种植在浅水中。

高度: 23厘米，　冠幅: 无限
PD: 水位线
❀❀❀ ☼ ◐

红花半边莲/罗贝力
(*Lobelia cardinalis*)

植株直立高雅，花红色，夏末至秋季开放。也有褐色到紫色叶片品种，以及白色、粉色、紫色和深红花色品种。植株寿命较短，生命较脆弱，冬季必须在室内越冬，春季分株。

高度: 1米，　冠幅: 25厘米
PD: 水位线
❀ ☼ ♛ ♈

美国观音莲/西部臭菘草
(*Lysichiton americanus*)

早春开花，苞叶黄色。叶片巨大。根系强大发达，能够耗尽水中的所有剩余营养，有助于限制藻类生长，清除藻类。本植物有异味。

高度: 75厘米，　冠幅: 1.2米
PD: 30厘米
❀❀❀ ☼ ◐ ● ♈

沼芋
(*Lysichiton camtschatcensis*)

中国原产，春季开花，苞叶呈耀眼的白色。它比美国堂兄稍小，但是在池塘中具有相同的除藻功能。在封闭的空间中，花的气味很难闻，但是它们种植在一起，的确很漂亮。

高度: 60厘米，　冠幅: 1米
PD: 30厘米
❀❀ ☼ ◐ ● ♈

镶边植物

水薄荷(*Mentha aquatica*)

茎红色,有芳香气味,小花淡紫色,呈簇状,夏季开花。具入侵性,适合限制种植,最好把它种植在种植筐中。

高度: 1米, 冠幅: 无限
PD: 水位线
❀ ❀ ❀ ☼

睡菜(*Menyanthes trifoliata*)

它的拉丁学名源于它的叶形。花有迷人的粉色和白色流苏,春季开放。茎杆细长,俯卧状,需要经常修剪,以限制其肆意生长。分株或扦插繁殖。

高度: 30厘米, 冠幅: 无限
PD: 15厘米
❀ ❀ ❀ ☼ ◐

红龙头(*Mimulus cardinalis*)

产自北美,也称作红色猴面花。盛夏至夏末开花,花小量大,呈鲜艳的红色,弥补了大小的不足。开花后适当进行短截促进生长。

高度: 75厘米, 冠幅: 45厘米
PD: 水位线
❀ ☼ ▽

斑点猴面花/野生猴面花
(*Mimulus guttatus*)

猴面花原产北美。夏季开花,花黄色,花瓣上有许多红色斑点。它会压制植株较小的植物。春季分株或种子繁殖。

高度: 75厘米, 冠幅: 30厘米
PD: 水位线
❀ ❀ ☼

沼泽勿忘我/勿忘草
(*Myosotis scorpioides*)

一种很有魅力的植物。花稍小,湖蓝色,春末至初夏开放。种子容易扩散,但是也容易控制。"美人鱼"是一种大花改良品种,也有白色和粉色品种。

高度: 45厘米, 冠幅: 无限
PD: 水位线
❀ ❀ ❀ ☼ ◐

红水芹
(*Oenanthe javanica* 'Flamingo')

多年生草本。斑叶有白色、绿色和紫色。白色小花成簇状,夏末开放。根系悬在水中,可以保护鱼卵免受其他动物危害。

高度: 30厘米, 冠幅: 无限
PD: 水位线
❀ ❀ ☼ ◐

两栖蓼
(*Persicaria amphibia*)

可以种植在浅水至深水中。种植越深，越多叶片浮在水面上。夏季开花，花粉白色，成穗状。在污水中会马上腐化死亡，因此可以作为水质的指示植物。

高度: 30厘米，　冠幅: 无限
PD: 15厘米~1米
❁❁❁ ☼ ◑

花叶芦苇
(*Phragmites australis* 'Variegatus')

落叶性禾本科植物。叶片绿色，有金色条纹。花紫色，秋季开放。由于具有入侵性，装饰小型花园时最好种植在容器中。

高度: 2.5米，　冠幅: 无限
PD: 30~100厘米
❁❁❁ ☼

梭鱼草
(*Pontederia cordata*)

原产北美，多年生植物，通常也被称为海寿花，叶片耀眼，矛形。花蓝色，穗状，夏末开放。有白花 'Alba' 和淡紫色 'Pink Pons' 花色变种。

高度: 60厘米，　冠幅: 无限
PD: 30厘米
❁❁❁ ☼ ♈

焰毛茛
(*Ranunculus flammula*)

夏季开黄色小花，通常用作林下种植，如鸢尾种植篮中。其亚种 *minimus* 微型品种仅20厘米宽，上覆有金黄色的小花。

高度: 30厘米，　冠幅: 60厘米
PD: 水位线
❁❁❁ ☼

舌蕊毛茛 "大花"/大花焰毛茛
(*Ranunculus lingua* 'Grandiflorus')

植株较大，多年生植物。夏季开花，花似毛茛，金黄色，着生在红绿色茎杆上。叶片长矛形。它的种子也容易扩散传播，所以最好种植在种植筐中。

高度: 1米，　冠幅: 无限
PD: 30厘米
❁❁❁ ☼

慈姑/燕尾草
(*Sagittaria sagittifolia*)

很好的镶边植物。叶片箭状，引人注目。白色穗状花序，夏末开放。球茎繁殖，它是鸭子的最爱，因此它有另外一个名字，"Duck potato"。装饰小型池塘时种植在种植筐中。

高度: 60厘米，　冠幅: 无限
PD: 水位线
❁❁❁ ☼

镶边植物

美洲三白草/沼泽三白草/蜥尾草 (*Saururus cernuus*)

英文名swamp lily，却与百合(Lily)全无相似之处，事实上，夏末在其心形叶的映衬下，乳白色的穗状花更像下水道的水管。其生命力顽强，为防止其扩散，须控制在小池塘内。

高度: 60厘米， 冠幅: 无限
PD: 30厘米
❄❄ ☀

花叶水葱(*Schoenoplectus lacustris* subsp. *tabernaemontami* 'Albescens')

一种高大、优雅的灯心草，其灰绿色的茎上点缀的奶油色条纹让它立刻明艳于其他植物。它的挺立也使其在孤植于种植筐中时易于倒伏。春季要分株繁殖。

高度: 2米， 冠幅: 60厘米
种植深度: 25厘米
❄❄ ☀

斑莞/斑太兰(*Schoenoplectus lacustris* subsp. *tabernaemontami* 'Zebrinus')

与花叶水葱形态相似，但较矮，斑马状灯心草的茎上从下至上遍布亮黄色的条纹。其可以在容器中单独栽培，也可以与其他无斑点的植物在小池塘或水域中共植。

高度: 1.2米， 冠幅: 45厘米
种植深度: 25厘米
❄❄ ☀

花叶水玄参 (*Scrophularia auriculata* 'Variegata')

水玄参是一种很实用的多年生草本植物，植株较高。叶片边缘淡黄色。花很寻常，却会吸引蜜蜂。适宜种植在荫庇场所。夏季扦插繁殖。

高度: 1米， 冠幅: 60厘米
PD: 8厘米
❄❄ ☀ ◐

三栗 (*Sparganium erectum*)

落叶或半常绿草本。秋季，种穗呈钉头锤形，非常奇特迷人。本植物具入侵性，所以装饰小型池塘时，最好种植在种植筐中。种植在湖边，鸭子会大量食取种穗。

高度: 1米， 冠幅: 无限
PD: 30厘米
❄❄❄ ☀ ◐

水烛/长苞香蒲/狭叶香蒲 (*Typha angustifolia*)

香蒲很漂亮但具入侵性。种穗褐色，很受插花爱好者欢迎，通常用发胶将其固定，防止碎乱。它很高，种植在种植筐中时，需要适当减重。

高度: 2米， 冠幅: 无限
PD: 60厘米
❄❄❄ ☀

宽叶香蒲(*Typha latifolia*)

这种香蒲比狭叶香蒲稍大，也更具入侵性。装饰小型花园时，最好种植在院中的容器中。种穗脱落时产生的碎屑，过去用做枕芯材料。

高度: 3米，冠幅: 无限
种植深度: 60厘米
❊❊❊ ☼

花叶香蒲(*Typha latifolia* 'Variegata')

这一品种入侵性稍弱，但是还是应该种植在大型的容器中，如塑料洗衣筐中，它能够将植物聚在一起，产生一种整体效果。要不然，新的植株之间间距太大，效果就会不好。

高度: 1.2米，冠幅: 无限
种植深度: 60厘米
❊❊ ☼

小香蒲(*Typha minima*)

微型品种。叶片细长，茂密。种穗球形，黑褐色，个体小，约豌豆大小。与睡莲和其他矮生镶边植物混合配植，适合装饰微型水景。原产于欧洲和亚洲北部。

高度: 60厘米，冠幅: 无限
种植深度: 30厘米
❊❊❊ ☼

有柄水苦荬(*Veronica beccabunga*)

常绿植物，通常用做林下植物。小花中湖蓝色，中心为白色，呈簇状。茎肉质，叶片有光泽，卵圆形。通常种植在种植筐中。

高度: 30厘米，冠幅: 无限
种植深度: 8厘米
❊❊❊ ☼

马蹄莲 "克劳伯乐" /啼鸦(*Zantedeschia aethiopica* 'Crowborough')

马蹄莲叶片茂密，深绿色。花有芳香，白色，春末至盛夏开放。"克劳伯乐"是最耐寒品种，但是冬季最好不要使其根系受冻。

高度: 1.2米，冠幅: 75厘米
PD: 15厘米
❊❊ ☼ ◑

马蹄莲 "绿女神" /苞尾绿马蹄莲 (*Zantedeschia aethiopica* 'Green Goddess')

植株比 "克劳伯乐" 稍大。花绿色醉人，春末至盛夏开放。随着植物年龄的增长，花心逐渐变成白色，从叶片上也能分辨出来。防止根部受冻。

高度: 1.5米，冠幅: 1米
PD: 15厘米
❊❊ ☼ ◑ ●

沼泽植物

舟形乌头
(*Aconitum napellus*)

早夏时节，这种多年生奇特的罩状蓝紫色的花使花园潮湿的角落变得更有活力。然而，它却有很强的毒性。注意，每4年左右，疏去多余的块根，可以促进乌头开花。

高度: 1米，　冠幅: 45厘米
❀❀❀ ☼ ◑

升麻"白珍珠"
(*Actaea matsumurae* 'White Pearl')

一种很有魅力而又实用的多年生草本花卉，秋季会开出漂亮的白色羽状花序，种穗为褐色。深绿色的叶片会逐渐分裂开来，春季再生时叶片通过裂叶增加叶片数量。

高度: 1.2米，　冠幅: 75厘米
❀❀❀ ☼ ◑ ●

升麻"铜紫"/黑升麻
(*Actaea simplex* 'Atropurpurea')

叶片深褐色或青铜色，秋季开泛紫或泛红的白色穗状花序。比较好的品种有"布鲁内特"和"詹姆斯·康普顿"，它们为晚花品种，适合于冬季大多数花序凋谢的花园。

高度: 1.2米，　冠幅: 60厘米
❀❀❀ ☼

筋骨草"色彩缤纷"/锦唇花
(*Ajuga reptans* 'Multicolor')

筋骨草特别适合装饰阴暗的角落。叶片褐色或青铜色，春季开黄色、粉色、绿色和蓝色的花。是一种耐阴的常绿地被植物。

高度: 15厘米，　冠幅: 无限
❀❀❀ ☼ ◑

沼泽海绿
(*Anagallis tenella*)

常绿多年生草本花卉，通常在水边匍匐生长，形成由叶片和玫瑰红色花朵点缀的植被。适合装饰小型水景。分株繁殖。

高度: 2.5厘米，　冠幅: 无限
❀❀ ☼ ◑

假升麻/迷你升麻
(*Aruncus aethusigolius*)

很难相信可以把它与"山羊胡须"品种联系在一起。叶片似蕨类，呈致密的丛状。早夏时开白色小花，穗状花序。通常种植在其他喜湿植物旁边的沟槽或容器中。

高度: 30厘米，　冠幅: 20厘米
❀❀❀ ☼ ◑ ♈

棣棠升麻/假升麻
(*Aruncus dioicus*)

大型健硕多年生植物，叶片似蕨类，花似落新妇(*Astilbe*)羽状花序，乳白色，夏季开放。雄株花序美丽动人，不会到处散播种苗。干燥或潮湿环境条件下都能茂盛生长。

高度: 1.5米，　冠幅: 1.2米
❄❄❄ ☀ ◑ ♡

奈夫假升麻
(*Aruncus dioicus* 'Kneiffii')

这种小型品种叶片深裂，披针形，非常漂亮。适合容器和小型花园的装饰。通常与小型蕨类，耐湿鸢尾以及叶形简单的小型植物搭配在一起。

高度: 75厘米，　冠幅: 45厘米
❄❄❄ ☀ ◑

紫红落新妇/杂交落新妇
(*Aruncus x arendsii*)

丛状多年生植物，落新妇中最知名的品种群，植株大小、花期各有差异，花色多样，包括红色、紫色、白色、粉色及淡紫色。叶色也有不同。如"白色光辉"，"谷神星"和"法农"。

高度: 60厘米~1米，　冠幅: 60厘米
❄❄❄ ☀ ◑

矮生落新妇
(*Astilbe chinensis* var. *pumila*)

多年生植物，花序淡紫色到粉色，晚夏开放。比其他落新妇品种更耐湿，适合与小型鸢尾植物搭配，如金脉鸢尾(*Iris chrysographes*)，这样它与落新妇蕨叶状的叶片形成非常鲜明的对比。

高度: 45厘米，　冠幅: 30厘米
❄❄❄ ☀ ◑ ♡

落新妇 "华丽"
(*Astilbe chinensis taquetii* 'Superba')

适合装饰大型沼泽园。晚夏和早秋对它那银色到洋红色的花给花园增加欢乐的色彩。通常种植在花期较早的升麻旁边。春季进行分株繁殖。

高度: 1.2米，　冠幅: 1米
❄❄❄ ☀ ◑ ♡

金色苔草/金叶丛生苔草
(*Carex elata* 'Aurea')

由Bowles E.A.在诺福克湖区发现，许多禾本科植物都是以他的名字命名的。叶片金黄色，耐湿，多年生落叶性草本植物。春季开淡黄色的花，之后穗状花序逐渐变成褐色。

高度: 60厘米，　冠幅: 45厘米
❄❄❄ ☀ ♡

沼泽植物

悬垂苔草/垂花苔
(*Carex pendula*)

悬垂苔草是一种很优雅别致而且茂盛的禾本科植物,花茎垂在宽大的绿色叶片上显得非常迷人。适合与和玉簪类植物混栽在一起。但是,必须小心谨慎,因为它会自由散播种子。"月帆"就是很好的变异品种。

高度:1.2米, 冠幅:1米
❈❈❈☼

雨伞草
(*Darmera peltata*)

这种慢速扩张的多年生草本植物,与种植在沟槽中虎耳草科其他植物相比,它的株型相对较大。春季,高高的茎上着生粉红色的花序,花谢以后则由像大汤盘一样的叶片取代。入侵性较强。

高度:1.2米, 冠幅:无限
❈❈❈☼◑♔

艳丽漏斗花/天使钓竿
(*Dierama pulcherrimum*)

天使钓竿来自南非,是常绿多年生草本植物。盛夏时节,它是一道独特而不错的风景,长长的、弯弯的的花茎从像禾本科植物叶片的叶丛中伸展出来,茎上着生的花序向下垂着,花色美丽多样,有白色、粉色、紫红色以及淡紫色。

高度:1.5米, 冠幅:30厘米
❈❈☼

大麻叶泽兰/重瓣麻叶泽兰
(*Eupatorium cannabinum* 'Flore-Pleno')

花重瓣,玫瑰红色,盛夏开放。麻叶泽兰是沼泽园的焦点之一,令人难忘。早春时分株繁殖。适宜种植在白垩质土壤中,酸性土壤中生长不良,植株表现矮小。

高度:1.2米, 冠幅:1米
❈❈❈☼◑♔

紫红花泽兰/紫苞泽兰
(*Eupatorium purppureum*)

多年生草本,高高的茎杆上有紫色斑点,轮生着尖尖的叶片和紫色到粉色的花序,秋季开花。它是大型沼泽园的不错选择。晚春通过扦插插条繁殖。注意蛞蝓危害。

高度:2米, 冠幅:1米
❈❈❈☼◑

白蛇根草"巧克力"
(*Eupatorium rugosum* 'Chocolate')

茎杆褐色,硬质,叶片齿缘,暗紫色,似荨麻叶。本植物全年均可观赏,为花园增光添彩。早秋季节开白色的花,使得叶片颜色更加突出明显。春季分株繁殖。

高度:1.2米, 冠幅:60厘米
❈❈❈☼◑♔

沼泽大戟
(*Euphorbia palustris*)

丛状，晚春开黄色的花。是一种很好的沼泽植物，只要长出新梢就可以分株用于繁殖。当受到伤害时，就会产生乳白色的有毒液体。

高度: 1.2米，冠幅: 1米

❋❋ ☼ ◗

槭叶蚊子草
(*Filipendula purpurea*)

夏季绽放的淡紫粉红的花序和大型的掌状绿色叶片使这种丛状的多年生植物很惹眼。来自日本，一直以来都是沼泽园的最爱春季分株繁殖。

高度: 1.2米，冠幅: 60厘米

❋❋ ☼ ◗ ♈

红花蚊子草
(*Filipendula rubra*)

新叶边缘锯齿状，紫色，之后随着茎杆的生长逐渐变成绿色。夏季开花，为淡淡的玫瑰粉色，花量较大。然而，这种丛状多年生植物容易蔓延，可能需要较大的生长空间。

高度: 2米，冠幅: 无限

❋❋ ☼ ◗

榆叶蚊子草
(*Filipendula ulmaria* 'Aurea')

金黄色的叶片适合与深色植物种植在一起，尤其适合与青铜色叶片的植物形成鲜明的对比。光照越充足，要求越高。绒球状的白色花序让花园的夏季更具特色。

高度: 75厘米，冠幅: 30厘米

❋❋❋ ☼ ◗

花叶旋果蚊子草
(*Filipendula ulmaria* 'Variegata')

本品种叶片为深绿色，有斑驳黄色。夏季开乳白色花。此外，本品种容易退化，所以春季需要去除叶片全绿的枝梢，分株繁殖。注意保持空气湿度，合理施肥，防止霉变等病害发生。

高度: 1米，冠幅: 45厘米

❋❋❋ ☼ ◗

紫萼路边青/紫萼水杨梅
(*Geum rivale*)

野生水杨梅早夏开粉红色的花，花头下垂。也有白花品种，还有"伦纳德"品种为铜色到粉红色或淡黄色的花，以及"莱昂内尔·考克斯"品种为淡黄色到黄色的花外，都是不错的花园装饰品种。

高度: 30厘米，冠幅: 30厘米

❋❋❋ ☼ ◗

沼泽植物

大叶蚁塔(*Gunnera manicata*)

由于它巨大的叶片，最大直径可达2米，这种多年生草本植物看起来像是大黄(Giant rhubarb)。比较适合装饰大型沼泽园，要保持良好的生长状态，必须具备大量的养料和水分供应条件。如果种植在露天环境中，冬季一定要注意防寒保暖。

高度: 4.5米，　冠幅: 3米
❋❋ ☼ ◐ ☼ ♈

智利大黄(*Gunnera tinctoria*)

不像其他大黄的大型品种，本品种较适合小型空间装饰。它的褶皱的叶片令人印象深刻，但是一般需要搭配其他大型植物。冬季为了保护植物免受冻害，深秋时可以把叶片收起来，束在顶部。

高度: 2米，　冠幅: 1.5米
❋❋ ☼ ◐

金脉鸢尾(*Iris chrysographes*)

这种迷人的、喜湿的鸢尾科植物起源于中国，花为紫色，花瓣基部有金色条纹，夏季开放。品种"赤紫"花为深红色。还有一个品种，花接近黑色，它有许多名字，如"黑骑士"等。

高度: 45厘米，　冠幅: 23厘米
❋❋❋ ☼ ♈

玉蝉花/花菖蒲/马蔺/马兰花
(*Iris ensata*)

本品种是鸢尾植物中最华丽的品种之一。花瓣呈水平状，使花看起来显得比较大，夏季开花。花有单瓣和重瓣之分，颜色多样，有白色、粉红色、薰衣草紫、蓝色、紫色、紫红色以及木槿紫色。适合种植在湿润壤土中。

高度: 1米，　冠幅: 60厘米
❋❋ ☼

西伯利亚鸢尾/黄奶瓶鸢尾
(*Iris sibirica* 'Butter and Sugar')

西伯利亚鸢尾(*Iris sibirica*)在16世纪就已经为人所知，但是直到20世纪才引起植物育种学家们的注意。本品种夏季开花，中心花冠为白色，外围花瓣为黄色，从类似于禾本科植物叶片的叶丛中伸展出来。

高度: 25厘米，　冠幅: 25厘米
❋❋ ☼ ♈

西伯利亚鸢尾"哈布思威尔之幸"
(*Iris sibirica* 'Harpswell Happiness')

这种可爱而优美的鸢尾，花冠为白色，花瓣基部脉络为绿色到黄色，晚春至早夏开放。尽管称它为西伯利亚鸢尾，其实它不是来自西伯利亚，而是来自中欧和东欧，土耳其或俄罗斯。

高度: 75厘米，　冠幅: 30厘米
❋❋ ☼ ♈

西伯利亚鸢尾"佩里蓝"
(*Iris sibirica* 'Perry's Blue')

密丛状生长，早夏开中蓝色的花，花冠基部伴有黄褐色脉纹，花束可以用做切花。这种经受过磨炼的古老品种是小型池塘水景中很好的镶边植物。

高度：1米，　冠幅：60厘米
❋❋ ☼

西伯利亚鸢尾"雪丽·波普"
(*Iris sibirica* 'Shirley Pope')

本品种是较古老的紫红色品种的改良品种。夏季，天鹅绒般暗红到紫色的花绽放，基部有白色条纹，与其他品种在颜色上形成鲜明的对比。叶片似禾本科植物，是花园装饰不错的选择。

高度：1米，　冠幅：45厘米
❋❋ ☼ ♆

西伯利亚鸢尾"银边"
(*Iris sibirica* 'Silver Edge')

巨大的、奇特的蓝色花瓣，还有白色边缘，引人注目，初夏时节开放。所有的西伯利亚鸢尾都是在早春或花后分株繁殖。分株时植株不要太小，稍大比较有利于分株繁殖。

高度：1米，　冠幅：60厘米
❋❋ ☼ ♆

西伯利亚鸢尾"天空之翼"
(*Iris sibirica* 'Sky Wings')

这种漂亮的有着深色脉纹的淡蓝色花朵在仲春时开放，它是深色品种的理想搭档。注意去除多余的种穗，防止产生不像它们父母样子的植株幼苗。

高度：75厘米，　冠幅：30厘米
❋❋ ☼

黄山梅
(*Kirengeshoma palmata*)

1891年从日本引进，这种丛状多年生植物有迷人的锯齿状绿叶，互生在茎杆上，早秋时开黄色羽毛球状的花朵。喜不含石灰石的深层土壤环境，耐阴。

高度：1.2米，　冠幅：75厘米
❋❋ ◑ ♆

齿叶橐吾"德斯迪蒙娜"
(*Ligularia dentata* 'Desdemona')

有着迷人叶片和花朵的多年生植物。初生叶片呈紫色，茎杆全年也都保持这一颜色。花束状深黄，形似雏菊，盛夏开放。春季分株繁殖。

高度：1.2米，　冠幅：1米
❋❋❋ ☼ ◑ ♆

沼泽植物

掌叶橐吾/掌裂橐吾
(*Ligularia przewalskii*)

这种漂亮的中国原产多年生植物，深裂成三角形的叶片，着生在近黑色的茎杆上。茎杆顶部着生小型尖塔状淡黄色的花序。它是沼泽园或溪边不错的背景植物。

高度: 1.5米, 冠幅: 75厘米
❀❀❀ ☀ ◑ ♈

戟叶橐吾 "火箭"
(*Ligularia stenocephala* 'The Rocker')

叶片心形，齿缘。黑色的茎上着生长长的中黄色穗状花序，小花似雏菊，夏季开花。本品种适合种植在壤土中。早春进行分株繁殖。

高度: 2米, 冠幅: 1.1米
❀❀❀ ☀ ◑ ♈

美丽半边莲/红花半边莲/宿根山梗菜/六倍利(*Lobelia x speciosa*)

这种喜湿的、夏花型多年生品种群有30多个不同颜色品种，红色为主，但是也有紫色、粉色和白色。幼苗期，冬季一定要注意防寒保暖。

高度: 75厘米, 冠幅: 20厘米
❀ ☀

珍珠菜/矮桃
(*Lysimachia clethroides*)

中国和日本原产，外观奇特的多年生草本植物。花序白色穗状，拱形，看上去像牧羊人的牧杖，晚夏开放，直立茎顶生。分株繁殖。

高度: 1米, 冠幅: 无限
❀❀❀ ☀ ◑ ♈

短珍珠菜
(*Lysimachia ephemerum*)

本物种早在1730年就从欧洲南部引进到英国皇家植物园。叶片革质灰色，茎直立，顶生灰白色穗状花序，小花蝶形，有淡紫色条纹，夏季开放。

高度: 1米, 冠幅: 30厘米
❀❀ ☀ ◑

金叶过路黄/草甸排草/铜钱状珍珠菜
(*Lysimachia nummularia* 'Aurea')

匍匐茎，适合生长在潮土中。叶片金黄色，非常鲜亮，以致覆在地面上，与黄色花朵混在一起，花和叶无法分辨。本品种属常绿植物，通常用于池塘镶边。

高度: 2.5米, 冠幅: 无限
❀❀ ☀ ◑ ♈

黄排草
(*Lysimachia punctata*)

黄排草适合装饰野生花园，夏季开亮黄色的花，成穗状密生于茎上小叶间。品种"亚历山大"有迷人的白色斑驳的叶片。

高度：75厘米，冠幅：60厘米
❄❄❄ ☼ ◐

千屈菜"蜡烛"/美丽千屈菜
(*Lythrum salicaria* 'Feuerkerze')

多年生草本植物，花紫红色到紫色，夏季开放。茎木质化，可以抵挡刮风危害。开花后最好去除多余种穗，防止种苗到处散播。

高度：1.5米，冠幅：45厘米
❄❄❄ ☼ ◐ ♈

荚果蕨/黄瓜香
(*Matteuccia struthiopteris*)

荚果蕨是最秀丽动人的蕨类之一。有着成熟的株冠，对称排列的蕨叶，春季开始萌发。本种不耐热风，主要通过根系的生长进行增殖，最终将充满整个区域。

高度：1.2米，冠幅：无限
❄❄ ☼ ◐ ♈

细叶芒
(*Miscanthus sinensis* 'Gracillimus')

落叶多年生禾本科植物，叶片绿色细长，中间有银色条纹，植株整体呈致密丛状。晚夏开花，花头绒毛状。通常种植在中型池塘边效果会很迷人。

高度：1.3米，冠幅：60厘米
❄❄❄ ☼ ◐ ♈

银箭芒
(*Miscanthus sinensis* 'Silberfeder')

芒属植物不具入侵性，是池边和沼泽园中不错的禾本科植物。本品种叶片绿色细长，中间有银色条纹。秋季开花，花序白色羽状，着生于叶序的顶端。

高度：2.5米，冠幅：1.2米
❄❄❄ ☼ ◐ ♈

花叶芒/斑叶芒
(*Miscanthus sinensis* 'Variegatus')

本芒属植物叶片宽大，有白色条纹，从坚实的茎上垂落下来，与无条纹叶片植物形成鲜明的对比。秋季绽放乳白色的花序，为季末花园增加不少情趣。

高度：1.5米，冠幅：1米
❄❄❄ ☼ ◐ ♈

沼泽植物

虎尾芒/斑马草
(*Miscanthus sinensis* 'Zebrinus')

本芒属植物叶片比属内其他植物叶片宽大，呈茂密的丛状。随着季节的变换，叶片上逐渐出现横向的金黄色条纹。秋季，高高的茎杆上开出丝质羽状花序，高悬在枝头一直持续到深冬。

高度: 2米, 冠幅: 1.1米
❄❄❄ ☀ ◐ ▽

球子蕨
(*Onoclea sensibilis*)

英文为Sensitive fern，即敏感的蕨类，之所以这样称是因为它在初霜时地上部就枯死，非常敏感。叶片革质绿色，但是也有更漂亮的品种，其新叶边缘为铜褐色。早春时分株繁殖。

高度: 60厘米, 冠幅: 无限
❄❄ ☀ ▽

欧紫萁
(*Osmunda regalis*)

这种紫萁越来越少，英国原产，一般种植在溪流或水池边等空气湿度和空间相对较大的地方生长较好。根系称为薇根，是兰花生长基质的组成部分。

高度: 1.5米, 冠幅: 1.2米
❄❄❄ ☀ ◐ ▽

桃叶蓼 "詹姆斯·康普顿"
(*Persicaria* 'James Compton')

观叶植物，晚春萌发深红色的叶片。随着季节的更替，叶片逐渐变成橄榄绿色，并且中间会产生褐色的"V"形标志。配置时，通常与蕨类植物搭配。夏季扦插繁殖。

高度: 1.1米, 冠幅: 45厘米
❄❄ ☀ ◐

阿扬蓼
(*Persicaria polmorpha*)

非入侵植物，生长在池边或绿草带边缘。长长的叶片着生在粗壮的空心的茎杆上，盛夏至早秋时开白色的碎花。

高度: 2.5米, 冠幅: 1.2米
❄❄ ☀ ◐

维吉尼亚蓼 "调色板" (*Persicaria Virginiana* 'Painter' s Palette')

本品种名称源于它的彩色叶片，浅黄色的叶片上点缀着绿色，叶片中间还有红棕色的"V"形标志。它那亮丽，近乎艳丽的色彩照亮了夏季整个花园。

高度: 60厘米, 冠幅: 45厘米
❄❄ ◐

款冬/蜂斗菜
(*Petasites Japonicus* var. *giganteus*)

这种高度入侵的植物仅适合种植在大型的水池旁边。早春时，绿色的花绽放在裸露的茎杆上；叶片呈巨伞状，着生于粗壮灰色茎杆上。春季分株繁殖。

高度: 1.2米, 冠幅: 无限
❀❀❀ ☼ ◑

芝麻花/假龙头花/囊萼花
(*Physostegia virginiana*)

落叶性多年生草本，花序玫瑰粉或紫色，晚夏开放。早春时分株繁殖。品种"动感"花色不凡，可以在水景中斟酌应用。

高度: 1.2米, 冠幅: 无限
❀❀ ☼ ◑

桃儿七/鬼臼/足叶草
(*Podophyllum hexandrum*)

多年生草本，叶片浅裂齿缘，有铜褐色或褐色斑驳。叶片晚春萌发，如收起的雨伞。晚春初夏开白色的花。果实较大，颜色和大小同西红柿。

高度: 45厘米, 冠幅: 25厘米
❀❀ ◑

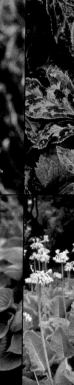

杂色钟报春 (*Primula alpicola*)

落叶性沼泽报春花属植物，小花呈黄色，钟状，芳香，中心近白色，花序似松散的拖把，初夏开放。本品种群有纯白花色品种，也有紫花品种。花后种子或分株繁殖。

高度: 45厘米, 冠幅: 15厘米
❀❀ ☼ ◑ ♈

霞红灯台报春 (*Primula beesiana*)

本报春品种是夏季花园瞩目的焦点之一，紫红色到淡紫色的花绽放在白绿色的茎杆上。属落叶性或半常绿多年生草本。本品种叶片中绿齿缘，中脉红色。

高度: 45厘米, 冠幅: 15厘米
❀❀ ☼ ◑

巨伞钟报春 (*Primula florindae*)

落叶性，茎杆粗壮，花钟形、黄色，有芳香，盛夏开放。本品种群还有很多花色变种，有亮红色、橙色、姜黄色等。

高度: 1米, 冠幅: 60厘米
❀❀ ☼ ◑ ♈

沼泽植物

金蕾丝报春"因佛瑞"
(*Primula* 'Inverewe')

这种高贵的半常绿烛台报春是不育品种，只能通过春季分株进行繁殖。它那高高的壮丽茎杆上轮生着像微型灯泡一样的朱红色花朵。莲座叶整个冬季都会保持绿色。

高度: 1米，冠幅: 30厘米
❄❄☼◐◑♈

九轮樱草"米勒红"
(*Primula japonica* 'Miller's Crimson')

落叶性烛台报春，花深红褐色，轮生在茎杆上。通常种植在肥沃的壤土中，种子繁殖，注意只有约3/4的种苗能够成活形成植株。

高度: 60厘米，冠幅: 25厘米
❄❄☼◐◑♈

九轮樱草"波斯佛白"
(*Primula Japonica* 'Postford White')

落叶性报春，花瓣白色，中心粉色。晚春时种植在流水中，夏季再又可获到成熟的种子，随后在翌年春季再种植于穴盘中。约3/4的种子能够成活形成植株。

高度: 60厘米，冠幅: 25厘米
❄❄☼◐◑♈

持子报春花
(*Primula prolifera*)

中国产，常绿性烛台报春。初夏时节，丛状黄色花序轮生在粗壮的茎杆上。在潮湿的生长环境中，它会大量繁殖扩张。开花后种子繁殖或分株繁殖均可。

高度: 1米，冠幅: 30厘米
❄❄☼◐♈

粉被灯台报春/银粉报春花
(*Primula pulverulenta*)

落叶性烛台报春，茎上有银白色粉包裹。晚春开花，花瓣深红到紫色，中心橙色。有一种不育品种，"巴特利粉红"的花为壳黄红。

高度: 60厘米，冠幅: 25厘米
❄❄◐♈

淡红报春花
(*Primula rosea*)

落叶性报春，来自喜马拉雅山脉，早春开玫瑰粉色的花，花序松散，位于浅绿色叶片上。植株个体较小，适合种植在假山上湿润地带或小型水景旁边。分株繁殖。

高度: 23厘米，冠幅: 20厘米
❄❄◐♈

偏花钟报春/侧钟花报春
(*Primula secundiflora*)

常绿或半常绿报春，它看起来像植株较大的深红到紫色的樱草。茎银白色，花头偏向一边，初夏开花。繁殖时先让植物生长2~3年成丛状，开花后再进行分株。

高度: 75厘米, 冠幅: 25厘米
❄❄ ☼ ◐ ●

钟花报春/锡金报春
(*Primula sikkimensis*)

来自尼泊尔、中国西部等地。这种报春品种晚春至初夏时开簇状的黄色钟状小花，叶片绿色，有芳香，适合种植但是寿命较短。

高度: 60厘米, 冠幅: 30厘米
❄❄ ☼ ◐ ▽

观赏大黄 "红桃/红心王"
(*Rheum* 'Ace of Hearts')

观赏用不可食用大黄品种，适合种植在需要阔叶植物，如小型蕨类生长的地方。粗壮的深紫到红色的茎杆上着生心形的巨大叶片，主叶脉呈现与茎相同的颜色。

高度: 1.2米, 冠幅: 90厘米
❄❄ ☼ ◐

掌叶大黄
(*Rheum palmatum*)

这种大型不可食用大黄叶片宽度可达1米，春季萌发，叶片深紫到铜褐色，成熟时叶片变成绿色。花白色，着生在高高的茎上。春季种子繁殖。

高度: 1.2米, 冠幅: 2.5米
❄❄ ☼ ◐

掌叶大黄 "深红"
(*Rheum Palmatum* 'Atropurpureum')

本品种新叶铜褐色，叶片正面随着年龄逐渐变绿，叶背也逐渐变成红色。早夏开亮丽的紫红色的花。春季分株繁殖。

高度: 1.2米, 冠幅: 2.5米
❄❄ ☼ ◐ ▽

羽叶鬼灯檠
(*Rodgersia pinnata*)

中国原产，非常优秀的观叶植物。较大的有褶皱绿色叶片对生在茎上。高高的白色的或粉白色花头，显得非常浪漫，初夏开放。通常种植在壤土中。

高度: 1米, 冠幅: 1.2米
❄❄❄ ☼ ◐

沼泽植物

鬼灯檠/掌叶鬼灯檠
(*Rodgersia podophylla*)

本品种叶片都是着生在茎的上部，给人一种新奇的凌空的感觉。晚春叶片展开时它们是铜褐色的。初夏时开乳白色的穗状花序。

高度: 1米，冠幅: 1.2米
❋❋❋ ☼ ◐ ♈

伞叶鬼灯檠
(*Rodgersia* 'Parasol')

最近才引进，叶片与掌叶鬼灯檠(*Rodgersia podophylla*)叶片相似，但是要更窄更绿些，所以植株看起来像一把伞。花青白色。通常用做沼泽园或湿地花园的背景植物。

高度: 1.2米，冠幅: 1.5米
❋❋❋ ☼ ◐

掌叶鬼灯檠 "红叶"
(*Rodgersia podophylla* 'Rotlaub')

本品种株型较小。叶片与掌叶鬼灯檠类似，但是春季萌发时，叶片上红色阴影较深。颜色只能坚持一段时间，所以本植物最好与其他品种搭配使用。春季分株繁殖。

高度: 75厘米，冠幅: 1.2米
❋❋❋ ☼ ◐

西南鬼灯檠/岩陀
(*Rodgersia sambucifolia*)

本植物与羽叶鬼灯檠(*Rodgersia pinnata*)比较相似，但是株型稍大。叶片像七叶树叶片，但要大很多。成年植株成丛状，尤其是在初夏时，搭配乳白色的穗状花序，俨然一道迷人的风景。

高度: 1.2米，冠幅: 2米
❋❋❋ ☼ ◐

天蓝鼠尾草
(*Salvia uliginosa*)

丛状多年生植物，晚夏或秋季开天蓝色的花。叶片似荨麻叶，着生在高高的茎杆上。冬季注意护根处理，防止冻害发生。

高度: 2米，冠幅: 无限
❋ ☼ ♈

加拿大地榆
(*Sanguisorba canadensis*)

来自北美东部的湿地或沼泽地带。植物叶片茂密绿色，着生在健壮的枝干上。瓶刷状的白色穗状花序早秋开放，这时其他植物的花朵则正在枯萎凋落。

高度: 1.5米，冠幅: 60厘米
❋❋ ☼

细叶亮蛇床(*Selinum wallichianum*)

Bowles E.A.描述这种植物为最漂亮的蕨叶植物。它外形像峨参,盛夏至早秋开大大的白色的花序,每朵小花花粉囊均为黑色。通常种植在壤土中。

高度: 1.2米,冠幅: 75厘米
❄ ☼

千里光/泽菊(*Senecio smithii*)

落叶性多年生草本植物。叶片灰绿色,边花白色,盘花花色,花序呈束状。植株丛状,适合春季分株繁殖。通常种植在橐吾属植物旁肥沃湿润的土壤中。

高度: 1.2米,冠幅: 75厘米
❄❄ ☼ ☽

金莲花(*Trollius chinensis*)

本品产自远东,花旦金黄色,近乎橙色,盛夏开放。花瓣浅碗状,中心为雄蕊簇。花着生在高茎上,在夜光中光彩夺目。

高度: 1米,冠幅: 45厘米
❄❄❄ ☼ ☽

庭园金梅草 "雪花石膏"
(*Trollius x cultorum* 'Alabaster')

花朵精致美丽,乳白色,一直是评论关注的焦点。它适合装饰小型池塘和沼泽园,是持子报春、鸢尾以及蕨类植物不错的搭档。

高度: 45厘米,冠幅: 25厘米
❄❄ ☼ ☽

庭园金梅草 "橙香公主"
(*Trollius x cultorum* 'Orange Princess')

花形及花色都能反映出本杂种的亲本。深橙色的花顶生在高茎上,位于茎基叶片之上。把它种植在具铜褐色叶片的植物前面效果非常好。

高度: 1米,冠幅: 45厘米
❄❄❄ ☼ ☽

欧洲金梅草
(*Trollius europaeus*)

这种丛状多年生植物自1581年以来就种植在英国植物园中。晚春开花,花瓣内卷,淡黄色。秋季或早春分株繁殖。适合种植在任何地方潮湿的土壤中。

高度: 60厘米,冠幅: 30厘米
❄❄❄ ☼ ☽

索引

索引

致谢

本书感谢以下人员提供相关图片:

(Key: a–above; b–below/bottom;
c–centre; l–left; r–right; t–top)

6: DK Images: Steve Wooster/RHS Chelsea Flower Show 2005 (b). 7: John Glover. 8: DK Images: Mark Winwood/Hampton Court Flower Show 2005/ The Elementals Garden/Designer: Anny Konig (t), Steve Wooster/RHS Chelsea Flower Show 2005/ The Chelsea Pensioners Garden/Designer: Julian Dowle (b). 9: John Glover: RHS Wisley, Surrey (t). Derek St Romaine: RHS Tatton Park/Designers: Katie Dines & Steve Day (br). 10: Leigh Clapp: Designer: Ann-Marie Barkai. 11: Leigh Clapp: (c). DK Images: Steve Wooster/RHS Chelsea Flower Show 2005/Designer: Claire Whitehouse (b). 12: Derek St Romaine: (t); Harpur Garden Library:Jerry Harpur: Julian Elliot, Cape Town, RSA (c). Modeste Herwig: Family de Ruigh/ Designer: Modeste Herwig (b). 13: The Garden Collection: Liz Eddison/Tatton Park Flower Show 2005/Designer: Jill Brindle. 14: DK Images: Mark Winwood/ Hampton Court Flower Show 2005 (t). The Garden Collection: Liz Eddison/RHS Chelsea Flower Show 2005/Designer: Andy Sturgeon (b). 15: Andrew Lawson: Hampton Court Flower Show 2000. Designer: Philippa O'Brien (tl), Helen Fickling (tr), Clive Nichols: Designer: Mark Laurence (b). 16: The Garden Collection: Gary Rogers/RHS Chelsea Flower Show 2005/Designer: Christopher Bradley-Hole (t), Marie O'Hara/RHS Chelsea Flower Show 2005/Designer: Sir Terence Conran (b). 17: The Garden Collection: Liz Eddison/Tatton Park Flower Show 2002/Designers: Chapman, Byrne-Daniel (t); Liz Eddison/RHS Tatton Park Flower Show 2005/Designer: Jill Brindle (bl); Liz Eddison/RHS Chelsea Flower Show 2005/Designer: David Macqueen-Orangenbleu (br). Andrew Lawson: Sculpture: Bridget McCrum (c). 18: DK Images: Steve Wooster/Hampton Court Flower Show 2002/Japanese Garden Society/ Maureen Busby Garden Designs. 19: John Glover: (t). Leigh Clapp: Mittens Garden (c). DK Images: Mark Winwood/ Capel Manor/Designer: Steve Wooster (b). 20: John Glover: RHS Chelsea Flower Show. Designer Roger Platt (t). The Garden Collection: Liz Eddison (bl); Michelle Garrett (br). 21: Clive Nichols/ Chelsea Flower Show 1998. 22: John Glover: Hampton Court Flower Show/ Designer: Guy Farthing (t), The Garden Collection: Michelle Garrett (b). 23: S & O Mathews Photography: (tl), The Garden Collection: Liz Eddison/RHS Chelsea Flower Show 1999/Designer: Chris Gregory (tr), DK Images: Mark Winwood. Capel Manor/ Designer: Steve Wooster (bl); Mark Winwood/Capel Manor/Gardening Which? (br). 26: DK Images: Steve Wooster/RHS Chelsea Flower Show 2005/ Designer: Julian Dowle (l); Steve Wooster/RHS Chelsea Flower Show 2001/ The Blue Circle Garden, Designer: Carole Vincent (r). 27: DK Images: Steve Wooster/RHS Chelsea Flower Show 2005/ Designer: Marney Hall (l). 28: Clive Nichols: Designer: Lucy Smith (l). 29: John Glover: Designed by Alan Titchmarsh (r). 34: Clive Nichols: Designer: Ulf Nordfjell (l), DK Images: Steve Wooster/RHS Chelsea Flower Show 2005/Designer: Carol Smith (r). 35: DK Images: Mark Winwood. Hampton Court Flower Show 2005. Le Jardin Perdu. Dorset Water Lily Company (r); Mark Winwood/Hampton Court Flower Show 2005/'Time to Reflect'/Lilies Water Gardens (l). 37: John Glover: Hampton Court Flower Show 2003/Designers: May and Watts (tr). Clive Nichols: Designer: Mark Laurence (tl); Garen & Security Lighting (br). Derek St Romaine: Designer: Phil Nash for Robert van den Hurk (bl). 38: Harpur Garden Library/ Jerry Harpur: Designer: Ursel Gut, Germany (l). 39: Derek St Romaine: Mr & Mrs Kelsall, Gt. Barr, Birmingham (r). 40: Steve Wooster/RHS Chelsea Flower Show 2001 (l), Clive Nichols: Designer: Fiona Barratt (c), DK Images: Mark Winwood/Capel Manor College/Designer: Elizabeth Ramsden (b);. 41: Derek St Romaine: RHS Chelsea Flower Show 1997 / Designer: Andrea Parsons (t), DK Images: Steve Wooster/RHS Chelsea Flower Show 2005/Designer: John Carmichael (c); Steve Wooster/RHS Chelsea Flower Show 2002 (b). 68–69: DK Images: Steve Wooster/ RHS Chelsea Flower Show 2001/The Blue Circle Garden, Designer: Carole Vincent.

70: John Glover. 76: Andrew Lawson: RHS Chelsea Flower Show 2003. Designer: Marney Hall. 80: Andrew Lawson: RHS Chelsea Flower Show 1999/Designer: Carol Klein. 81–83: Mark Winwood. 93: Derek St Romaine. 95: Andrew Lawson: Torie Chugg/ RHS Tatton Park 2005/Designer Katie Dines. 96: Garden World Images: (bl). 97: DK Images: Steve Wooster/ RHS Chelsea Flower Show 2005/ Designer: Claire Whitehouse. 99: The Garden Collection: Liz Eddison/ Designers:Katie Hines & Steve Day. 101: Garden Picture Library: Ron Sutherland/ Owner: Mike Paul. 102: Garden Picture Library: Friedrich Strauss (bl). 103: Garden Picture Library: Friedrich Strauss. 107: DK Images: Steve Wooster/ Hampton Court Flower Show/The Reflective Garden/Designer: Alison Armour Wilson (bl). 109: Jonathan Newman, Centre for Ecology and Hydrology. 111: RHS Wisley/ Tim Sandall, Holt Studios International: Phil McLean/ FLPA (tr). 116: Clive Nichols: Designer: Richard Coward (t). 120: Andrew Lawson: (t). 124: crocus.co.uk (bl). 130: Garden World Images: (tl). 138: Garden Picture Library: John GLover (tr). 140: Garden World Images: (br). 143: Garden World Images: (bc). 146: crocus.co.uk (bc). 149: Garden World Images: (bc); Gary Dunlop, Newtonards, Co. Down, N. Ireland (br). 150: Gary Dunlop Newtonards, Co. Down, N. Ireland (tc).

All other images — Dorling Kindersley For further information see: www.dkimages.com

Dorling Kindersley would also like to thank the following:
Editors for Airedale Publishing: Helen Ridge, Fiona Wild, Mandy Lebentz Designers for Airedale Publishing: Elly King, Murdo Culver Index: Michèle Clarke

Gardening Which? (www.which.co.uk) and Capel Manor College (www.capel.ac.uk) for photography locations.

World of Water (www.worldofwater.com) for supplying materials for the bubble feature on pp.54–7.

REEN FINGERS

GREEN FINGERS 来了！

轻松园艺 有效执行 享受全年花园之乐

想要亲自设计，拥有一座漂亮的绿色花园吗？其实很简单……

跟随英国皇家园艺学会的简易读物指导，以全球最强大的园艺专家团队，展现最精美的图片，用最详尽的每一步解说，搭配最简单的种植方式，帮您打造一个完美的绿色天堂。

绿手指携手英国皇家园艺协会新书
《花园医生》重磅来袭

全球最权威的花园植物专家，倾心打造最全面的花园病虫害指导图书！以最丰富的图片和最详尽的解说，帮你在与花园病虫害的对抗中大获全胜！

了解你的花园
　　介绍了植物是如何繁殖生长的以及如何以有机的方式防治病虫害。

植物的异常现象
　　用一系列的设问，帮你判断危害植物健康的原因。

植物诊所
　　以问答的形式介绍了不同植物常见的病虫害症状及防治措施。

最受欢迎的园艺图书

人人都能轻松制作的花环 Book

定价：35 元

多肉植物新"组"张

定价：39.8 元

壁面园艺

定价：35 元

多肉植物玩赏手册

定价：35 元

香草花园
定价：42 元

轻松打理花园

定价：45 元

铁线莲与藤蔓植物

定价：45 元

家庭花园

定价：45 元

花园医生
定价：68 元

花园手册

定价：98 元

花园水景

定价：42 元

小花园种植

定价：45 元

庭院盆栽
定价：45 元

草坪及地被植物

定价：42 元

盆栽蔬果

定价：42 元

竹子与观赏草

定价：45 元

生态花园实用手册

定价: 68 元

花园休闲区设计

定价: 68 元

庭院花木修剪

定价: 45 元

种菜手帖

定价: 45 元

玫瑰花园

定价: 35 元

阳台花园

定价: 32 元

厨余变沃土

定价: 32 元

美味花园

定价: 42 元

生态花园

定价: 29.8 元

日式庭院

定价: 29.8 元

垂直花园

定价: 29.8 元

露台花园

定价: 29.8 元

花园Mook·金暖秋冬号

定价: 45 元

花园Mook·粉彩智手春号

定价: 45 元

净化空气植物

定价: 25 元

迷你主题菜园

定价: 25 元